四川省省级科普经费资助

农业科普系列丛书

四川省科学技术协会
四川省农村专业技术协会 组织编写

# 科学种茶与加工

KEXUE ZHONGCHA
YU JIAGONG

王　云　李春华　唐晓波 / 编著

四川科学技术出版社
·成都·

图书在版编目(CIP)数据

科学种茶与加工/王云,李春华,唐晓波编著.—成都:四川科学技术出版社,2016.8(2018.11重印)

(农业科普系列丛书)

ISBN 978-7-5364-8411-5

Ⅰ.①科… Ⅱ.①王… ②李… ③唐… Ⅲ.①茶树-栽培技术 ②制茶工艺 Ⅳ.①S571.1 ②TS272.4

中国版本图书馆CIP数据核字(2016)第185957号

农业科普系列丛书

科学种茶与加工

编　著　王　云　李春华　唐晓波

出 品 人　钱丹凝
责任编辑　刘涌泉
封面设计　墨创文化
责任出版　欧晓春
出版发行　四川科学技术出版社
成都市槐树街2号　邮政编码610031
官方微博:http://e.weibo.com/sckjcbs
官方微信公众号:sckjcbs
传真:028-87734039
成品尺寸　146mm×210mm
印张9　字数190千　插页4
印　刷　成都市新都华兴印务有限公司
版　次　2016年8月第一版
印　次　2018年11月第三次印刷
定　价　25.00元
ISBN 978-7-5364-8411-5

# 《农业科普系列丛书》编委会

# 前 言

加快农村科学技术的普及推广是提高农民科学素养、推进社会主义新农村建设的一项重要任务。近年来，我省农村科普工作虽然取得了一定的成效，但目前农村劳动力所具有的现代农业生产技能与生产实际的要求还不相适应。因此，培养“有文化、懂技术、会经营”的新型农民仍然是实现农业现代化，建设文明富裕新农村的一项重要的基础性工作。

为深入贯彻落实《全民科学素质行动计划纲要(2006—2010—2020年)》，切实配合农民科学素质提升行动，大力提高全省广大农民的科技文化素质，四川省科学技术协会和四川省农村专业技术协会组织编写了农业科普系列丛书。

该系列丛书密切结合四川实际，紧紧围绕农村主导产业和特色产业选材，包涵现代农村种植业、养殖业等方面内容。选编内容通俗易懂，可供农业技术推广机构、各类农村实用技术培训机构、各级农村专业技术协会及广大农村从业人员阅读使用。

本系列丛书的编写得到了四川省老科学技术工作者协会的大力支持，谨此表示诚挚的谢意！由于时间有限，书中难免有错漏之处，欢迎广大读者在使用中批评指正。

《农业科普系列丛书》编委会

# 目　　录

# 第一章 概 述

## 一、四川茶业发展现状

四川是茶树原产地之一，也是人类饮茶、种茶、制茶的发源地，是我国主要产茶省份之一。四川茶叶历来以数量大、品种多、分布广、品质好、声誉高而著称，自古就有“蜀土茶称圣”的美誉。据史料记载，早在唐朝时期，川茶产量就位居全国之首。新中国成立以后，特别是党的十一届三中全会以来，党和政府制定了有关政策，采取了一系列经济扶持措施，调动了茶农的生产积极性，全省茶叶生产由迅速恢复进入大发展的新时期。20 世纪 80 年代初，全省茶叶年产量达 3.0 万多吨，名列全国前茅，其外销、边销、内销各占 1/3，可谓产销两旺。到 1995 年，茶叶面积共有 150 余万亩（1 亩 =0.0667 公顷），年产茶 6.5 万吨，茶园面积居全国第一，产量为全国第三，茶叶产值 5.3 亿元，占全国茶叶总产值的 11.05%，年创税 1.1 亿元，出口创汇 2 500 万美元；到 2004 年，全省茶园面积达到 200 万亩，茶叶年产量增加到 7.6 万吨，其中名优茶产量 2.9 万吨，名优茶比重占 38.16%，茶叶年产值达到 10.4 亿元，茶叶出口 6 000 吨，创汇 700 万美元；2014 年，全省茶叶产区由 1949 年的 74 个县（区）扩大到 130 多个县（区），茶园面积由 19.0 万亩扩大到 458.55 万亩，增长 12.26 倍，茶叶年产量由 3 986 吨增加到 23.4 万吨，增长了 31.61 倍，茶叶年产值达130亿元（农业产值），茶园面积、茶叶产量、茶叶产值分别位居全国第二、第三和第四位。四川省良种茶园面积和名优茶产量呈快速增长势头，其发展速度和增幅居全国各产茶省市之首，茶叶企业不断发展壮大，优势龙头企业集群已渐显现，其企业的规模、形象、加工设备及技术水平堪称全国一流。百万元以上的加工企业达1 750余家，其中，销售收入5 000万元以上的有23家，逾亿元的企业有10余家，省级重点龙头企业29家，国家级龙头企业6家，中国驰名商标9个，中国名牌农产品企业5家，四川省著名商标25个，四川省名牌产品42个。四川已成为我国西南地区乃至全国的茶叶优势产区和茶叶生产标准化、清洁化、机械化、集约化的重点示范区。

## 二、四川茶产业发展的特点

目前，四川茶业发展的特点主要是：

（1）经营体制发生重大变化。国有或集体企业逐渐向私营、民营及股份制企业转变，非国有企业和私营企业发展迅猛。如：国有外贸、农垦、乡镇、监狱等不同部门茶叶企业近几年纷纷破产或转制为私营、民营企业。

（2）多行业、多领域的集团大公司大量渗透茶叶行业，为四川茶叶发展注入了新的活力和动力。如：房地产公司（万高、嘉陵、大丰、三江等）、金融系统（华夏证券、海南第一投资公司及银行等）、酒行业（五粮液、剑南春集团等）、日用化工行业（爱丽碧丝、田七牙膏等）、路桥集团（瑞云等）、食品行业（嘉禾食品、新希望、正大、天仁食品等公司）等先后介入茶叶领域，进行茶叶产品生产和经营。

（3）更加重视企业的形象和品牌打造。全省相当部分茶叶企业的机械设备、外观面貌、企业整体形象、厂房及生产规模等已达全国一流水平，并得到全国业界的高度评价和充分肯定。如图 1 ~ 图 4 所示。

图 1 竹叶青茶叶公司

图 2 绿茶初制生产线（竹叶青）

图 3 名优茶精制生产线（竹叶青）

图 4 现代化厂房（龙都）

（4）更加重视产品的安全无污染。农药乱用及滥用行为很少出现，农药残留超标事件很少发生，对产品安全无污染的重视程度是历史上少有的，对无公害茶叶、绿色食品茶、有机茶的认证越来越积极。

目前，四川省茶园绿色防控面积达到 288.37 万亩，比上年增加 138.37 万亩，全省有 60 多家企业的产品获得了无公害农产品证书，有 275.9 万亩茶园通过了农业部无公害农产品基地认证，比上年增加 40.9 万亩，占全省面积的 60.17%，占投产茶园的 85.0%，峨眉山市、洪雅县、名山县被列为全国无公害茶叶示范基地县。全省有 21 家企业的 79 个产品获得了绿色食品证书，有 40 余家 600 多吨产品获得有机产品认证，有机茶园认证面积达 8.0 万余亩（含转换面积），其中马边县有机茶认证面积达 3 万余亩，成为四川乃至西部地区有机茶第一县。竹叶青、绿昌茗、嘉竹等 5 家企业通过了全国茶叶 GAP 一级认证，这为推动良好农业操作规范的实施，促进出口起到了积极的作用。在雅安、乐山、宜宾、成都、眉山等地建立了 10 个茶叶出口原料基地，面积达 30 万亩。四川已成为全国的茶叶优势产区和茶叶生产标准化、清洁化、机械化、集约化的重点示范区。如图 5 ~ 图 8 所示。

图 5　生态茶园

图 6　无公害茶园基地

图 7　绿色食品茶园基地

图8　有机茶园

（5）更加重视良种茶园的发展及良种化程度的提高。如图9所示近几年，全省茶园每年均以10万亩以上的发展速度递增，其增速居全国各产茶省首位。目前，全省无性系茶园面积316.2万亩，比重占69.49%。比1995年以前的7.8%提高了8.91倍。去年，四川省农科院茶叶研究所选育的茶树特色新品种——天府28号通过了国家级茶树良种鉴定，乐山市茶叶协会与四川农业大学等单位合作选育的茶树特色新品种——“峨眉问春”通过了四川省茶树品种审定委员会审定。

图9　良种示范园

（6）四川省开始发展茶叶深加工和综合利用并出现喜人局面。目前，全省已建5家茶多酚厂，5家茶食品生产厂，其生产涉及茶多酚、茶色素、茶饮料、茶糖、茶饼干等系列茶叶深加工产品。如图10所示。

图10　茶叶深加工

（7）名优茶快速发展，茶叶产品结构和质量得到较大改善。近几年来，名优茶发展迅猛，1999～2003年五年间，名优茶产量增加了83.33%，年均增长16.67%，2014年其产量达到13.04万吨，比上年增加1.57万吨，其比重由1998年的23.44%提高到2014年的55.73%，名优茶产值（97.5亿元）占茶叶总产值的比重从29.4%提高到现在的75.0%。

**三、四川发展茶叶的优势**

（1）产茶历史悠久。四川是茶的故乡，是世界上最早开始人工种茶的地方，有2 000多年历史，也是世界上贡茶历史最悠久的地方，有1 000多年历史。因此，四川是茶树原产地之一，也是人类饮茶、种茶、制茶的发源地。

（2）茶区辽阔，其资源十分丰富。全省现有茶园面积16.8万公顷，涉及120多个市、县（区），主要分布在生态环境较好的盆周山地和丘陵地区。这些地区气候条件独特，日照少（年日照1 000～1 200小时）、气温适宜（年均温14～17℃）、云雾多、湿度大、漫射光丰富，是发展绿茶，特别是名优绿茶的最适宜区。

(3) 茶树品种资源丰富。四川省是茶树原产地之一，独特的自然环境，孕育了丰富的品种资源，现在种植的省级以上的优良品种有40多个，其中本省地方良种有20多个，国审品种10余个。目前，四川省茶叶重点推广的名山131、特早213、中茶302、中茶108、天府茶11号和28号、蒙山11号和16号、福鼎大白茶、乌牛早、福选9号等无性系良种，具有发芽早、整齐、产量高、品质优、适应性强等优点。此外，我省还从国外引进了近20个品种进行观察、试验、示范，以满足生产发展的需要。

(4) 茶叶上市早，四川省是我国最大的名优早茶优势生产区。由于冬暖夏凉的气候特点，春季气温回升早而快，四川茶区开园采摘，普遍比浙江、江苏等主产茶省提前20~30天。因此，每年2~3月大批省外客商云集省内茶叶主产区，收购早茶，其数量占四川省同期产量的70%以上。特别是川南茶区2月中上旬即可开园采摘新茶。因此，四川的名优早茶全国第一，具有明显的优势和开发潜力。

(5) 茶叶产品种类丰富。四川省茶叶产品应有尽有，不仅有绿茶、红茶、花茶、边茶、普洱茶、乌龙茶、保健茶等，而且还有条形、针形、卷曲形、珠形、片形茶及工艺茶，等等，可谓琳琅满目，丰富多彩。这些茶产品能充分满足消费者多样化、优质化、个性化的需求。(见彩图1)

(6) 产品有较高的知名度。蒙顶山产茶历史悠久，有2 000多年历史，其茶叶产品历来为世人所赞誉。自唐代以来，众多文人雅士、社会名流写下了300多篇赞誉蒙顶茶的诗、词、歌、赋和散文佳句，为全世界所瞩目。故产品的知名度高，附加的文化价值大。此外，后来居上的竹叶青、龙都香茗、叙府龙芽等茶叶产品也有较高的知名度，已成为国内知名品牌。

（7）价格优势明显。四川人口多，劳动力丰富，故茶叶生产成本较低。茶业属劳动密集型产业，劳动用工量大，而经济较发达的产茶省，其劳动力价格普遍较四川高，故其生产成本较高。四川是农业大省，工业经济不发达，其农业劳动人口比较丰富，而茶叶生产其比较效益较高（高于粮食作物3~10倍），故茶农生产积极性高。廉价的劳动力大量投入茶叶生产，则大大降低了茶叶生产成本，其价格相对省外主产区低，而利润相对较大。因此，具有价格竞争优势。

（8）四川省绿茶出口潜力较大。中国绿茶出口优势很强，出口量占世界绿茶贸易量的85%左右。印度尼西亚、印度和斯里兰卡有少量绿茶出口，但无法同中国竞争。中国绿茶主要出口到摩洛哥、俄罗斯、马里、塞内加尔、尼日利亚、阿联酋、毛里塔尼亚、法国、利比亚、多哥、尼日尔、突尼斯、比利时、冈比亚、英国、阿尔及利亚、加那列群岛和贝宁。

1993年，世界绿茶贸易量达11.14万吨，中国出口占79.36%。目前，四川省茶叶出口量少。2014年，四川省茶叶出口量为2 185.312吨，出口量较去年增加1 009.912吨，出口金额达1 082.624万美元，出口金额较去年增加217.984万美元，是我省10年来取得的最好成绩。四川是我国绿茶生产的最适宜区，其良好的生态、较大的产量规模、低廉的价格和优异的产品质量已被越来越多的国内外消费者所认同和肯定。因此，川绿茶在国内外茶叶市场上具有较大的开发潜力，其出口潜力大。

**四、四川茶叶发展存在的主要问题**

（1）茶叶产品质量不高，企业不重视茶叶品牌的培育和经营，缺乏大品牌、大企业。

主要表现在：①中低档茶产量过大（占60%以上），而品质好的高档茶和适销对路的特种茶产量相对较少（占30%左右）；②四川省一些茶叶企业仍存在无标准生产或有标不依以及加工工艺技术不规范的现象。据统计，目前，约有30%的茶叶企业未制订产品质量标准，50%的企业无生产加工技术规范，从而导致加工粗制滥造，产品质量不稳定；③品牌意识差。一些茶叶企业不太重视茶叶产品的宣传、包装和灵活多样的促销手段，不善于培育茶叶品牌，企业往往只重视一般产品的销售活动，其历年的茶叶产品多是以散茶形式低价卖给省外商贩（省外客商经过包装后，又重新进入四川省市场），而缺乏自己的品牌和包装。故商品的市场竞争力弱、市场占有率低、价值不高，经济效益差。

（2）茶叶科技投入少，新技术的研究、开发及推广滞后，茶叶生产科技水平低。

①政府对茶叶科技投入不足。每年全省对茶叶科研创新的研究经费投入不到500万元，普遍低于周边省市，更无法与发达省区相提并论，茶叶研究开发深度及经费严重不够。远远赶不上印度、日本、斯里兰卡、肯尼亚及我国的福建、云南、台湾等产茶国家和地区，如斯里兰卡规定，每年在出口税中提取3%作为科技经费；肯尼亚规定，全部

茶叶税收都用于资助茶叶技改，建立科研基金，以此扶植茶叶产业的发展；印度政府和民间组织更是投入巨资扶植茶叶科研活动，南印度茶试站每年的经费就达260万美元，一半用于科研，一半用于推广。

②企业投入不足。由于发展不平衡，四川省一些地方和企业比较重视茶叶新技术的应用推广和改造，茶叶产品科技含量相对较高。但多数地区和企业由于观念问题，只重视茶叶生产经营，不太注重智力和科技投资，导致茶农文化素质低，技术力量薄弱，科技推广率低，尤其一些高新技术难以应用推广。此外，加工设备陈旧简陋（目前，乡村茶场有70%的初制加工设备需改造），茶园基础差（有1/3的茶园有待改造），低产茶园面积大，茶园管理粗放，广种薄收现象仍较严重。这是导致四川省茶叶单产低，产品质量差，经济效益不好的主要原因。

（3）茶叶精深加工滞后，茶叶利用率低，其附加值不高。

四川茶叶精深加工及综合利用十分落后，才刚刚起步，茶叶的综合利用价值仅为40%左右，尚有60%的原料被浪费掉。这些浪费掉的原料完全可以通过精深加工提取茶多酚、儿茶素、茶氨酸、茶色素、茶多糖、茶皂素等生化产品。经试验研究和生产实践证明，10～15千克低档茶或加工副产物通过进一步深加工可提取1千克茶多酚，卖价达300元左右，比原始初产品单价提高了3.17～5.25倍。保守估计，全省茶叶产值就可达到190个亿。精深加工产品在扣除原料及加工成本后，其利润率可达40%～60%。

（4）茶产业规模大，但经济效益不高。以四川省茶叶产业基地的效益与福建安溪县的茶叶产业基地效益对比为例。四川省现有茶园面积458.55万亩，年茶叶产量23.4万吨，毛茶产值130.0亿元。茶园年平均亩产值2 835.02元/亩（其中重点茶区在3 000~5 000元/亩），比上年增加148.38元/亩，投产茶园亩产值达4 004.93元/亩，茶农户年均收入在0.5万元~15.0万元（名山县最高，一般在4万元~15万元）；福建安溪县现有茶园80余万亩，茶叶年产值达120余亿元，茶园年平均亩产值15 000.0元/亩，茶农平均每户年收入15万~40万元。由此可见，尽管四川省茶叶基地面积大、规模大，但茶叶经济效益不高，全省茶叶总产值还不及福建安溪县的一半。

（5）产品市场竞争力差，出口量下降，国外市场有待拓展。多年来，四川一直是我国茶叶出口的主要省份。1986年，自营出口茶叶（包括重庆市）1.13万吨，创汇1 275万美元，其中出口红茶1.05万吨，出口绿茶213吨、普洱茶452吨、乌龙茶50吨、花茶50吨、沱茶54吨，加上当年调供省外的5 076吨，出口量达1.64万吨，约占全国茶叶出口量的9.6%，占当年我省茶叶产量的30%。但是，进入20世纪90年代以来，四川省茶叶出口直线下滑，到2001年，全省（不包括重庆市）自营出口茶叶只有316吨，创汇42万美元，仅占当年全国茶叶出口量的0.1%，占全省茶叶生产量的比重也很小（内销为主）。2014年，全省茶叶出口量2 185.312吨，出口额仅为1 082.624万美元，全国排名第13位。四川省出口的茶叶品种也主要是绿茶和少量的特种茶（花茶、普洱茶）。

（6）茶文化宣传和茶文化活动重视不够，附加于茶叶产品的文化价值不高。目前，我省茶叶企业在重视企业的产品文化方面还做得很不够，如产品的设计、命名、包装等缺乏文化特色，也不善于产品的宣传和运用各种营销手段，尤其不重视参与国内外大型产品展销及茶文化活动。

近几年来，作者在国内外多种大型产品展销和博览会上见到的产品多是浙江、安徽、福建、河南等省生产的，而四川每次仅有二三家企业参加，且展位设计、产品装潢、文字介绍等远不及其他省企业的大气壮观和精美华丽。此外，笔者在市场考察调研中还发现，北京、天津、上海、内蒙古等省大型茶叶市场其经销的产品也多是浙江、福建、安徽、广西、湖北等省的企业生产的。另外，一些全省性的大型茶文化活动如茶道、茶艺表演，茶与经济、文化、艺术、宗教、礼仪及与人体健康等方面的研讨宣传活动，茶文化知识的宣传及茶艺培训活动在四川省亦较少开展。人们的茶文化消费观念及意识较为淡薄，这在很大程度上影响和制约了四川省茶叶产品的经营销售和茶叶经济的发展。

究其原因，主要是四川省茶叶生产仍处于封闭半封闭的小农生产状态，茶农和企业往往只重产，不重销，更不重宣传。茶叶经营主要采取守株待兔，坐地等客上门的方式，卖出的产品多是初级产品或原料，且茶农和企业自我感觉良好。这种小农经营方式极不符合当前市场经济发展的要求，这也是导致我省茶叶企业经营效益差的重要原因。

总之，四川茶叶资源的综合利用与茶叶经济的发展一定要以市场为导向，以效益为中心，依靠科技，合理布局，发挥特色，优化结构，优质高产，适销对路，突出重点，持续稳步发展，提高茶叶整体素质和综合效益。在茶叶产品结构的调整上，要坚持适度发展面积、提高单产，着重提高产品质量和综合效益，不要在数量上做文章，要突出优质，提高产品的附加值和经济效益。此外，还要因地制宜，因市场需求而调整，决不能搞一窝蜂、一边倒，使全省茶叶向着优质、高效和可持续的方向发展。

# 第二章 茶树良种繁育

## 第一节 茶树优良品种的选育

### 一、选用优良茶树品种的作用和意义

（一）茶叶高产的必然需求

优良品种（简称良种）的增产作用是十分显著的，在同等环境条件和管理水平下，优良品种一般比良种增产20%~30%，甚至更高。如名山县农业局茶技站、四川省农科院茶叶研究所等单位选育的特早213，比福鼎大白茶增产10%以上，且早开采20天左右；由四川省农科院茶叶研究所育成的“天府茶28号”比福鼎大白茶增产7.4%以上，且氨基酸含量比对照高，抗性强；福建省农科院茶叶研究所育成的“福云6号”比福鼎大白茶高19.0%；中国农业科学院茶叶研究所育成的“龙井43”比福鼎大白茶高8.4%。由此可见，选育和推广良种是一项重要的增产措施。

（二）茶叶品质的有力保障

栽培技术及管理水平、采摘及茶叶加工技术等虽然能够在一定程度上改善茶叶品质，但茶叶色、香、味、形的形成仍然主要受茶树新梢的化学特性和外部形态特征的影响，即受品种遗传特性的影响。优质名茶生产需要特定的优良茶树品种，如高档乌龙茶和某些名优茶必须选择特定的茶树品种才能生产出优质茶产品。用云南大叶种制成的

红茶，具有汤色红艳、滋味浓强的特点；用龙井 43 号良种制成的龙井茶品质最好；用天府茶 28 号茶树品种鲜叶加工的绿茶，色泽绿翠，香气高而持久，滋味鲜醇；用铁观音品种制成的乌龙茶，具有“观音韵”。国外某些国家虽然乌龙茶和某些名优茶消费量不断增加并努力开发相关的制茶技术，但是由于缺乏必要的茶树品种资源，至今仍然不能生产高档乌龙茶和白茶、龙井茶等名优茶。

（三）高效益茶叶生产的必然选择

由于优良茶树品种能提高品质，所以良种的经济效益也十分显著。我国以名优茶为主的茶类结构调整成效明显，也主要受益于优良无性系茶树品种的推广。1990 年，我国名优茶产量为 2.59 万吨，发展到 2000 年的 14.37 万吨，增长了 4.5 倍，产值从 1990 年的 6.32 亿元增加到 2000 年的 55.52 亿元，增长 7.8 倍；2000 年，名优茶产量占全国茶叶总产量的 20.6%，产值却占总产值的 50% 以上，成为茶业增效的主要来源。如：近几年来，雅安市大力发展无性系良种茶园，使无性系良种茶园由 1995 年的不足 5 000 亩发展到今年的 11 万亩，名列全省第一位，名优茶产量每年以 30% 以上的速度递增，今年已达 3 500 吨，占全市茶叶总产量的 24%，产值 1.1 亿元，占茶叶总产值的 60%。名山县 2002 年，名山县茶园面积达 10 万亩，种茶农户占总农户的 81%，占耕地面积的 1/4，茶叶总产量达 713.75 万公斤，茶叶总产值达到 1.5 亿元，1998 年，仅茶叶一项全县茶农人均纯收入就达 117 元。2001 年，全县农民靠茶叶一项人均增收 58 元，占全县人均增收 120 元的近一半。2003 年，全县农民纯收入 53 151 万元，其中茶叶一项就达 9 420 万元，占全县农民纯收入的17.7%，人均纯收入增加155元，其中仅茶叶一项就贡献137元，占人均纯收入增加的88.4%。四川的高县、筠连等县茶叶税收几年前就达到县级财政收入的30%以上（高县茶叶税收最高时甚至达到50%），同时给千家万户的茶农带来了近2 000万元的纯收入。经实地调查发现，许多县的茶农每亩茶园鲜叶收入在3 000元左右，洪雅、名山、峨眉山市等茶区的茶农每亩收入高达4 000元以上，远超过每亩种植粮食作物的收入。正是由于良种对提高茶叶品质方面的作用，茶农概括出"哪里有良种，哪里就有名茶，哪里的茶业就出效益"，这说明优良茶树品种在茶叶生产增效中的作用是十分显著的。

（四）茶叶低耗生产的重要途径

优良茶树品种之所以能实现高效低耗生产，其原因有三个，一是优良茶树品种具有较强的抗性。不同的茶树品种对自然灾害的抵抗力主要取决于茶树品种遗传特性，选用抗性强的优良茶树品种可以降低冻害、霜害、旱害、病害和虫害等自然灾害的危害程度，使茶叶生产达到高产稳产的目标。同时，茶树品种对自然灾害抗性的增强，对于扩大茶树种植区域也是非常重要的，如云南大叶种直接引种杭州时，无法正常越冬，但从驯化后的云南大叶种后代中选出的浙农25，却能在江南茶区获得高产优质。我国"南茶北引"的成功也是以优良茶树品种为基础的。二是不同开采期茶树品种的合理搭配，能有效地缓和采制"洪峰"，避免由于采摘"洪峰"期产量过大而不能及时采收和加工造成的损失。同时，由于全年生产均衡，茶叶加工的设备利用率也提高，减少不必要的设备闲置引起的投资损失。三是适应机械化作业，提高采茶效率。茶树鲜叶采收的人工费用占茶园管理人工费用开支的60%～70%，推广机械化采茶是降低茶叶生产成本最重要的技术措施之一。优良无性系茶树品种，新梢生长旺盛而整齐，芽叶粗壮，密度大，采茶工效高，而且良种茶树发芽整齐，轮次明显，直立性和持嫩性好，有利于机械化采茶，可以大幅度降低劳动强度和采茶成本。

## 二、茶树优良品种选育

选育茶树优良品种的方法很多，主要有系统选种、杂交育种、人工诱变育种、引种驯化等。

### （一）茶树系统选种

系统选种又称单株选种。根据选种目标，在现有茶园中，选拔优良单株，通过比较鉴定，培育成新的品种。这是改良茶树品种最基本、最常用的方法。茶树同时有无性和有性双性繁殖能力。因此，系统选种可以分为单选无性系和单选有性系两条途径。不过，国内外的一系列茶树良种，都是通过单选无性系的办法育成的。现将这一方法介绍如下：

第一步，初选。根据选种目标与茶树性状的相关关系，在现有茶园中，选拔若干优良单株，标记编号，以供观察。

第二步，观察。这一工作必须周年进行，以掌握选择对象在不同季节的表现，重复进行2～4年。观察项目应包括树型、树姿、新芽萌发及新梢生长情况、芽叶性状、抗逆能力、单株产量、制茶品质、适制性等。

第三步，复选。根据观察记载资料综合分析结果，决定取舍。这一工作可连续进行数次。在选择过程中，既要重视选种目标所要求的主要性状，又要注意综合性状的选择。

第四步，初步繁殖。将入选的优良单株，采用短枝扦插法，分别繁殖一定数量的苗木，供品系比较试验。同时，了解各单株短枝扦插繁殖力。记载的项目应包括插枝的成活率、成苗率、苗高、主茎粗、根系生育状况、茶苗整齐度及抗逆性等，发现繁殖力低劣或其他性状达不到良种要求的，应予以淘汰。

第五步，品系比较试验。入选单株的无性繁殖后代称为品系。品系比较试验以有代表性的合格良种或当地的主栽品种作为标准种，与其同龄的无性系进行对照比较。比较鉴定的项目包括：品质、适制性、产量、抗逆性、采摘期、全年萌发轮次、发芽密度以及芽叶性状等。为了加速育种进程，在品系比较试验期间，即可对较有希望的优良品系进行多点比较试验，以鉴定其区域适应性，并结合栽培试验，以掌握新品种对栽培技术的要求。

第六步，报请审定。经品系比较试验和区域适应性试种选出的优良品种，报请省农作物品种审定委员会审定，跨省推广的良种还要报全国茶树良种审定委员会审定。

第七步，繁育推广。经审定合格的品种即可繁育推广。

（二）有性杂交育种

遗传性不同的茶树，通过雌、雄性细胞的结合，产生杂交后代，经培育、选择创造新品种的过程叫茶树有性杂交育种。由于遗传基因的重新组合和相互作用，有性杂交所产生的后代中，可能选育出兼有父本、母本优良性状的新品种，同时还有可能出现双亲及其祖先从未有过的优良性状，培育出超亲本的新品种。茶树杂交育种是根据茶树的生长发育和遗传变异规律，有目的地培育茶树新品种的主要途径之一。茶树杂交育种基本上由杂交、选择、无性繁殖三个主要环节组成，是当前国内外选育茶树新品种的基本途径。其技术要点如下：

第一步，正确选择亲本。根据明确的育种目标，正确选择杂交的父本和母本，是茶树有性杂交育种成败的关键。选用亲缘关系较远，生态型差异较大的材料作亲本，双亲的综合性状中应具有育种目标所要求的主要性状。父本、母本的花期要比较接近，母本必须有结果能力。

第二步，掌握时机，细致操作。茶树雌雄同花，常异交，自花受精率很低。因此，以研究遗传变异规律为目的时，应隔离，去雄；以创造变异培育新品种为目的时，可免去繁重的去雄工作。具体做法是：父本花朵充分成熟将开未开时采花粉备用，母本花朵含苞欲放时轻轻剥开花瓣，用毛笔蘸开一些父本的花粉授在母本的柱头上，立即套袋隔离。授粉工作宜在上午10时前完成，必要时次日上午可重复授粉一次，以求可靠。

第三步，加强授粉后的管理。授粉后3~5天即可去袋。柱头枯萎，花萼闭合是子房已经受精的标志。幼果极易脱落，应注意保护。

第四步，认真进行培育和选择，获得杂交后代，仅仅是杂交育种工作的第一步。杂交种子播种后，必须加强培育，并按照育种目标进行认真的单株选择和比较试验，才有可能培育成新的优良品种。

第五步，申请审定，繁育推广。育成的良种按有关规定程序报请申定合格后，即可采用短枝扦插法繁殖推广。繁育推广过程始终要注意种苗纯度，防止混杂，以确保良种种性。

除上述两种选育方法外，随着科学技术的发展，国内外茶树育种工作者在采用物理、化学方法处理获得变异的诱变育种以及运用现代生物工程技术的多倍体育种方面做了不少研究工作，取得了新的进展，为培育茶树优良品种开辟了新的途径。

## 第二节　四川主要茶树良种选择

### 一、选用茶树品种的原则

#### （一）多抗原则

选择茶树良种，除了要求优质、高产、稳产以外，对茶叶的食品质量安全也要有要求。农药残留是茶叶生产最大的质量安全问题之一，也是发展绿色食品茶的主要障碍。茶叶的农药残留主要来源于茶园病虫害防治中的农药使用不当，尤其是绿色食品茶生产基地选用的茶树品种，除了对当地气候、土壤等生态环境和茶类适制性要求较强以外，还应对当地主要病虫害具有较强的抗性。由于不同地区的病虫害种类不同，不同茶树品种对不同病虫害的抗性也是有很大差异的。因此，在选用茶树品种时，应根据当地病虫害发生情况和品种的抗性差异进行选择，选用那些对当地频发病虫害抗性强的优良茶树品种。这样，利用茶树品种对病虫害的抗性，尽可能减少生产过程中的农药使用量和用药频度，降低由于施药引起农药残留的风险。

此外，多抗茶树品种还应该对寒、旱具有较强的抵抗力。我国茶区纬度跨越幅度大，南北茶区之间的冬季平均气温和最低气温差异很大。北部茶区及高山茶区选用的茶树品种，必须具有很强的抗寒力，否则，茶树种植后容易在冬季低温时受冻而导致严重损失，这在我国早期“南茶北引”过程中曾有过严重教训。另外，倒春寒出现频繁的茶区，不宜选择春茶萌发期过早而抗寒力低的茶树品种。

（二）多样性原则

生产基地推广的茶树品种应做到多种遗传特性的茶树优良品种合理搭配，即具有品种的多样性，避免种植单一茶树品种。在考虑品种搭配时，首先要考虑不同茶类适制性的品种之间合理的比例，因为茶叶消费市场和消费方式常常随着社会需求的发展而变化。20 世纪 70 ~ 80 年代中期，我国以发展出口红碎茶为主，优质红碎茶品种很受欢迎；而进入 90 年代以来，发展内销为主的名优绿茶成为茶产业提高效益的重要手段，早生优质绿茶茶树品种供不应求，而早期的红茶则在名优茶市场中难以立足。为了使绿色食品茶基地的产品对市场需求具有较好的适应性，其茶树品种搭配应该以适制当地当时主要茶类的品种为主，同时适制其他茶类的茶树品种也要有一定的比例。其次，春茶萌发期不同的茶树品种各有不同比例，避免春茶采摘“洪峰”过于集中。春茶萌发期早、中、晚的茶树品种的比例，在不同产区的要求可以不同，以名优茶生产为主，反之亦然。再次，基地内的茶树品种的抗逆性也该具有多样性，避免品种的单一性造成的某种病虫害快速蔓延和其他自然灾害扩散，减少病虫害和其他自然灾害造成的损失。

（三）环境适应性和良种良法原则

优良茶树品种在产量、品质、抗性、适制性等优良性状的表现是茶树的遗传因素与环境因素相互作用的结果。所以，在选用茶树品种之前，必须对拟引进的茶树品种的环境适应性和栽培条件的需求有充分的了解。一般可以通过两条途径了解某个品种的这些性状表现。根据茶树品种审（认）定结论进行推断。我国的茶树品种审（认）定制度分国家审（认）定和省审（认）定两个层次。国家审定品种是经过3个以上（含3个）跨省的不同气候代表性区域试验点的适应性比较试验的，拟引进的审定茶树品种如果在相应的代表性区域进行过适应性试验的，可以直接引进推广种植。各省审（认）定的茶树品种的区域适应性试验一般是在该省内的不同地区进行，省内引种时，可以参照国家审定品种的方式进行考察；但如果省级审（认）定茶树品种跨省引种时，必须先进行适应性试验或者生产性试验，如果适应性和其他性状表现良好，才可以大面积引种或繁育推广。适应性试验结果说明该茶树品种对本地自然条件的适应程度。欲使引进品种的优良性状得以充分表现，还应该向育种单位或品种适应性试验单位了解拟引进品种对栽培条件的要求和茶叶加工条件，即实现良种良法，良种的优势才得到充分发挥。此外，茶树优良品种是具有一定时效性的，所以茶树优良品种也会更新换代，引种时，绝对不能把那些历史上曾经是优良品种，但目前已经或即将被淘汰的茶树品种引进加以推广。

（四）无性繁殖原则

无性系茶树品种具有萌发期一致、生长整齐、品质均一等特点，而且树相的高矮大小也均一，便于田间管理、采摘的机械化作业和鲜叶原料贮运加工的机械化处理。所以，新建茶叶生产基地应尽可能选用无性系茶树优良品种，为今后高产、优质、低耗、高效生产奠定良好的基础。

（五）苗木质量检验和病虫害检疫原则

为了保证引进茶树良种苗木的质量和防止病虫害的传播，从外地引进品种及其种苗运输之前，必须进行苗木质量检验和病虫害检疫。苗木质量检验的内容包括种苗的纯度鉴定和定级鉴定。鉴定的抽样可以参照 GB11767 – 1989 规定：引种总数在 1 万株以内的，抽样数不少于 50 株；引种总数在 1 万~ 5 万株时，抽样数量不少于 100 株；引种总数 5 万~ 10 万株时，抽样数量不少于 200 株；引种总数超过 10 万株的，抽样数量应该 > 300 株。苗木纯度的检验主要根据品种的典型特征，从形态学特征和生物学特性两个方面进行鉴定，从抽出的样本中逐株鉴定，统计出混杂品种苗木等不具备该品种典型特征的苗木数，并计算出品种纯度。苗木的分级主要根据茶苗的高度、茎粗、着叶数、一级分支数量、侧根数量、侧根长度和计算出的品种纯度进行分级，分级标准可参照国家标准 GB11767 – 1989。

图 11　智能化育苗温室

## 二、四川主推的茶树品种及其特性

（一）国家审（认）定的茶树品种情况

我国作物品种审定委员会曾经对全国各地育成的茶树

品种进行了两次认定和两次审定，共审（认）定95个茶树品种作为国家审（认）定茶树品种，向全国推广。第一次是1985年，认定了30个茶树品种为国家茶树品种，这批茶树品种全部是各地传统茶树良种，其中无性系列茶树品种13个，种子（有性）系列品种17个；第二次于1987年认定通过了中华人民共和国成立以后各育种单位育成的无性繁殖系茶树品种25个；第三次于1994年审定通过了无性系品种22个；第四次于2001年审定通过了18个茶树品种。在这95个国家审（认）定茶树品种中，无性系茶树品种78个，种子（有性）繁殖茶树品种17个。其中，红茶品种22个，绿茶品种26个，乌龙茶品种14个，红、绿茶兼制品种33个。在78个无性系绿茶品种中，红茶品种15个，绿茶品种22个，乌龙茶品种13个，红、绿茶兼制品种27个。

从2000年开始，国家不再对经济作物进行强制性品种审（认）定。为规范茶树品种审（认）定工作，2003年成立了全国茶树品种审定委员会，开展对茶树品种的审定工作。该委员会对全国的茶树品种进行了两次审定，一次是2004年，在杭州，审定通过了由广西桂林茶叶所选育的“桂绿”，另一次是2005年，在四川成都，审定通过了由名山茶树良种场选育的茶树品种“名山白毫”。这两次审定通过的两个品种均为无性繁殖，均属绿茶品种。至此，我国现有茶树良种97个。

### （二）部分通过审（认）定的国家级茶树品种及特性

部分通过审（认）定的国家级茶树品种及特性（见表1）

表1 通过审（认）定的部分国家级茶树品种

| 品种名称 | 繁殖方式 | 形态特征 | 品质成分含量 | 产量表现 | 春茶萌发期 | 适制茶类 | 适应性和适应推广地区 | 育成单位 | 审(认)定年份 |
|---|---|---|---|---|---|---|---|---|---|
| 南江1号 | 无性繁殖 | 灌木型，中叶类，分枝密，芽叶深绿，茸毛较多，一芽三叶百芽重48.0克 | 一芽二叶含氨基酸1.9%，茶多酚18.7%，咖啡因3.1% | 高 | 早 | 绿茶 | 抗寒力较强，适宜在江北和江南茶区推广 | 重庆市农业科学院茶叶研究所 | 2001 |
| 早白尖5号 | 无性繁殖 | 灌木型，中叶类，分枝密，芽叶深绿，茸毛多，一芽三叶百芽重48.0克 | 一芽二叶含氨基酸2.8%，茶多酚25.1%，咖啡因3.4% | 高 | 早 | 红茶、绿茶 | 抗寒力较强，适宜在江北和江南茶区推广 | 重庆市农业科学院茶叶研究所 | 2001 |
| 苏茶早 | 无性繁殖 | 灌木型，中叶类，分枝较密，芽叶淡绿，茸毛中等，一芽三叶百芽重58.2克 | 一芽二叶含氨基酸3.8%，茶多酚21.5%，咖啡因4.1% | 较高 | 早 | 绿茶 | 抗寒力强，适宜在江北和江南茶区推广 | 安徽省舒城县农业局 | 2001 |
| 龙井 | | 灌木型，中叶类，树姿半开张，叶片上斜着生，叶长椭圆，叶尖渐尖，芽叶黄绿，茸毛少，一芽三叶百芽重39.0克 | 春茶一茶二叶氨基酸含量3.7%，茶多酚18.5%，咖啡因4.0% | 高 | 特早 | 绿茶 | 抗寒性强，适宜在长江南北茶区栽培 | 中国农业科学院茶叶研究所 | 1987 |

续表

| 品种名称 | 繁殖方式 | 形态特征 | 品质成分含量 | 产量表现 | 春茶萌发期 | 适制茶类 | 适应性和适应推广地区 | 育成单位 | 审(认)定年份 |
|---|---|---|---|---|---|---|---|---|---|
| 福鼎大白茶 | 无性繁殖 | 小乔木型,中叶类,树姿半开张,分枝较密,叶片水平着生,叶椭圆,叶面隆起,叶尖钝尖,芽叶黄绿色,茸毛特多,一芽三叶百芽重63.0克 | 春茶一芽二叶氨基酸含量4.3%,茶多酚16.2%,咖啡因4.4% | 高 | 早生 | 红、绿、白茶 | 抗寒抗旱能力强,适宜在长江南北茶区栽培 | 福建省福鼎市 | 1985 |
| 梅占 | 无性繁殖 | 小乔木型,中叶类,植株高大,树姿直立,分枝密度中等,叶片水平着生,叶长椭圆形,叶尖渐尖,芽叶绿色,茸毛少,一芽三叶百芽重103.0克 | 春茶一芽二叶氨基酸含量3.6%,茶多酚27.5%,咖啡因4.4% | 高 | 早生 | 乌龙、绿、红茶 | 抗旱性强,抗寒性较强,适宜在江南茶区栽培 | 福建省福安市 | 1985 |

(见彩图2~彩图4)

(三)四川茶树良种及其主要性状

1. 四川省认定的省级传统茶树良种

在四川丰富的茶树种质资源中，人们经过长期实践栽培，逐步驯化出了一批比较突出的茶树品种，这些已经经过实践检验并有相当面积的茶树品种在四川长期的茶树栽培中发挥了极其重要的作用。1985 年，四川省茶树良种审定委员会认定早白尖、牛皮茶、南江大叶茶、崇庆枇杷茶等四个传统的茶树优良品种为省级传统良种，其主要性状见表 2。

**表 2　四川省认定的省级传统茶树良种**

| 序号 | 名称 | 产地 | 繁殖方式 | 适制茶类 | 主要性状 |
|---|---|---|---|---|---|
| 1 | 早白尖 | 筠连县 | 有性 | 工夫红茶、绿茶 | 灌木型,中叶类,早生种,发芽早,茸毛多,适应性强,产量高,制成的工夫红茶获国际食品评比金奖 |
| 2 | 牛皮茶 | 古蔺县 | 有性 | 绿茶、红茶 | 小乔木型,中叶类,中生种,芽叶肥壮,成茶耐冲泡,具栗香 |
| 3 | 崇州枇杷茶 | 崇州市 | 有性 | 红茶 | 乔木型,大叶类,早生种,长势旺,抗寒、抗病虫害强 |
| 4 | 南江大叶茶 | 南江县 | 有性 | 绿茶、红茶 | 灌木型,中叶类,中生种偏早,萌芽力强,长势旺,适应性强 |

在这四个优良茶树品种的基础上，采用系统选育的方法，又选育出了一批新的优良品种，主要有早白尖 1 号、早白尖 5 号，南江 1 号、南江 2 号，崇州枇杷茶 71 –1 等。

（见彩图 5 ~ 彩图 12）

2. 育成了一批省级红茶品种

四川省农业科学院茶叶研究所为了适应当时红茶出口需求和省内外对红茶茶树品种发展的需要，以钟渭基为代表的茶学科技工作者先后用国家级红茶良种云南大叶种与四川中小叶群体进行杂交，选育出了适应四川（包括重庆）的红茶系列茶树品种蜀永系列，提高了四川红茶产量和品质，这些红茶新品种在四川省红茶生产中发挥了十分重要的作用，产生了巨大的经济效益。蜀永系列红茶品种情况见表3。

表3 蜀永系列红茶品种情况

| 序号 | 品名 | 来源方式 | 繁殖方式 | 适制茶类 | 主要性状 |
|---|---|---|---|---|---|
| 1 | 蜀永1号 | 云茶与川茶杂交育成 | 无性 | 红茶 | 小乔木型,中叶类,中生种,抗茶跗线螨,产量高,制成红碎茶品质好,新叶成熟快 |
| 2 | 蜀永2号 | 川茶与云茶杂交育成 | 无性 | 红茶 | 小乔木型,大叶类,中生种,产量高,芽叶持嫩性强,制红碎茶发酵特快,汤色红艳 |
| 3 | 蜀永3号 | 川云茶自然杂交后代经系统选育成 | 无性 | 红茶 | 小乔木型,大叶类,早生种,长势旺,成园快,单产高,发芽早 |
| 4 | 蜀永307 | 云茶与川茶杂交育成 | 无性 | 红茶、绿茶 | 小乔木型,大叶类,中生种,耐寒性强,单产高,茶味鲜爽 |
| 5 | 蜀永401 | 川茶与云茶杂交育成 | 无性 | 红茶 | 小乔木型,大叶类,中生种,发芽整齐 |
| 6 | 蜀永703 | 川茶与云茶杂交育成 | 无性 | 红茶 | 小乔木型,大叶类,早生种,产量特高,红碎茶,色、香、味俱佳 |
| 7 | 蜀永808 | 云茶与川茶杂交育成 | 无性 | 红茶 | 小乔木型,大叶类,晚生种,产量特高,成园快,抗茶跗线螨能力较强 |
| 8 | 蜀永906 | 云茶与川茶杂交育成 | 无性 | 红茶、绿茶 | 小乔木型,中叶类,中生种,芽叶整齐鲜绿,制成红碎茶浓强鲜爽,制成绿茶味较浓,耐冲泡,叶底嫩匀明亮 |

3. 育成了一批省级绿茶新品种

绿茶品种的选育工作在四川省一直是方兴未艾，选后有四川农业大学李家光等选育成的省级良种蒙山11号等蒙山系列品种；四川省名山县李廷松、徐晓辉等选育的名选131、213等名选系列省级和国家级品种；四川省农科院茶叶研究所王云、罗凡等选育的天府28号、11号等天府系列省级品种；四川花秋茶业公司喻长根等选育的花秋1号等省级品种。这些茶树良种的选育和推广，已经在四川乃至其他地区都发挥着重要的作用，产生了巨大的经济效益和社会效益。近年，四川省育成的省级绿茶品种情况见表4。

**表4　我省近年育成的省级绿茶品种情况**

| 序号 | 品名 | 来源方式 | 繁殖方式 | 适制茶类 | 主要性状 |
|---|---|---|---|---|---|
| 1 | 蒙山9号 | 系统选育、无性系品种 | 无性繁殖 | 绿茶 | 中生品种、适宜与早生种搭配、高产优质，抗寒性强、适应性广、适制名优绿茶、浓鲜型 |
| 2 | 蒙山11号 | 系统选育、无性系品种 | 无性繁殖 | 绿茶 | 特早生种、适制名优绿茶、浓鲜型 |
| 3 | 蒙山16号 | 系统选育、无性系品种 | 无性繁殖 | 绿茶 | 一般早生种、适制名优绿茶、鲜醇型 |
| 4 | 蒙山23号 | 系统选育、无性系品种 | 无性繁殖 | 绿茶 | 一般早生种、适制名优绿茶、鲜醇型 |
| 5 | 名选131 | 系统选育、无性系品种 | 无性繁殖 | 绿茶 | 灌木、中叶型、早生种。适制绿茶，具有鲜浓型风格，外形紧结，绿润、披毫，内质毫香浓郁、纯正持久、滋味鲜浓尚醇。已通过国家级良种审定 |
| 6 | 名选311 | 系统选育、无性系品种 | 无性繁殖 | 绿茶 | 灌木、中叶型、早生种。适制绿茶，具有鲜浓型风格 |
| 7 | 特早213 | 系统选育、无性系品种 | 无性繁殖 | 绿茶 | 新品种萌芽早，每年在2月13日即可开采高档名优茶，抗性较强，高产高效型新品种 |

续表

| 序号 | 品名 | 来源方式 | 繁殖方式 | 适制茶类 | 主要性状 |
|---|---|---|---|---|---|
| 8 | 天府茶11号 | 系统选育、无性系品种 | 无性繁殖 | 绿茶 | 适制高档名优绿茶,成品茶紧细显毫,香气高长且具有品种香,滋味高鲜回甜,具有“味精味”等独特的品质风格,有较强的适应性和抗病虫害能力 |
| 9 | 天府茶28号 | 系统选育、无性系品种 | 无性繁殖 | 绿茶 | 产量高,芽头均匀,白毫满披,成品茶紧细显毫,香气高长且具有品种香,滋味鲜爽回甜,具有独特的品质风格。天府茶28号有较强的适应性和抗病虫害能力 |
| 10 | 花秋1号 | 系统选育、无性系品种 | 无性繁殖 | 绿茶 | 小乔木型,中叶类,早生种,多茸毛,适制名优绿茶,品质表现为:香高、味鲜醇,耐冲泡。该品种抗性较强 |
| 11 | 乌蒙早(省级) | 系统选育、无性系品种 | 无性繁殖 | 绿茶 | 小乔木、中叶型、特早生种,生育期长,生长势旺,生长高峰较为集中,芽头肥厚壮实,是一个极具发展潜力的高产芽型新品种。抗寒性和抗病虫能力较强 |
| 12 | 云顶绿(省级) | 系统选育、无性系品种 | 无性繁殖 | 绿茶 | 灌木、中叶型品种。特别适制高EGCG绿茶和扁形名优茶。抗寒性强,抗旱性中等 |
| 13 | 云顶早(省级) | 系统选育、无性系品种 | 无性繁殖 | 绿茶 | 灌木、中叶型特早生品种。适制高EGCG绿茶、扁形名优茶和高档红茶。适应性和抗寒性强 |

续表

| 序号 | 品名 | 来源方式 | 繁殖方式 | 适制茶类 | 主要性状 |
|---|---|---|---|---|---|
| 14 | 宜早1号（省级） | 系统选育、无性系品种 | 无性繁殖 | 绿茶 | 灌木、中叶型，早生品种。芽形较长、紧实饱满、大小适中，制作名茶滋味浓厚，耐冲泡，适制高档名茶，红、绿茶兼制。在干旱的季节表现出显著的抗旱性 |
| 15 | 乌蒙早（省级） | 系统选育、无性系品种 | 无性繁殖 | 绿茶 | 小乔木、中叶型，特早生种，生育期长，生长势旺，生长高峰较为集中，芽头肥厚壮实，是一个极具发展潜力的高产芽型新品种。抗寒性和抗病虫害能力较强 |
| 16 | 川农黄芽早（省级） | 系统选育、无性系品种 | 无性繁殖 | 绿茶 | 属灌木型，中叶类，特早生种。植株主干不明显，树姿半开张，分枝较密，茸毛中等，持嫩性强，发芽整齐；做名优绿茶芽形适中，尤其干茶，叶底色泽好，香气高；抗性和适应性均较强 |
| 17 | 马边绿1号（省级） | 系统选育、无性系品种 | 无性繁殖 | 绿茶 | 半乔木型，中叶类，植株主干较明显，树姿半开张，分枝密，叶质厚，茸毛多，持嫩性强，其内质与对照福鼎大白茶制作的名茶相当，该品种芽头肥壮，适宜采摘独芽，制作扁形名茶 |

续表

| 序号 | 品名 | 来源方式 | 繁殖方式 | 适制茶类 | 主要性状 |
|---|---|---|---|---|---|
| 18 | 川沐217号（省级） | 系统选育、无性系品种 | 无性繁殖 | 绿茶 | 属半乔木型，早生，抗旱型品种。植株主干较明显，树姿半开张，分枝较密；茸毛少，持嫩性强，发芽整齐，易采独芽。该品种芽形较长、紧实饱满、大小适中，制作名茶滋味浓厚，耐冲泡，适制高档名茶，红、绿茶兼制 |
| 19 | 川茶2号（省级） | 系统选育、无性系品种 | 无性繁殖 | 绿茶 | 灌木型，中叶类，茸毛较少，具有氨基酸含量高，儿茶素和酚氨比较低的特点，所制茶叶滋味鲜醇带栗香，苦涩味较轻，适宜加工名优茶 |
| 20 | 川沐28号（省级） | 系统选育、无性系品种 | 无性繁殖 | 绿茶 | 半乔木型，大叶类。树姿半开张，叶片上斜着生，椭圆形，叶色绿，有光泽，叶面隆起；芽叶肥壮，呈黄绿色，茸毛多。该品种适宜加工名优绿茶，其内质与对照福鼎大白茶制作的名茶相当 |
| 21 | 川茶3号（省级） | 系统选育、无性系品种 | 无性繁殖 | 绿茶 | 灌木型，中叶类，特早生种，树姿半开张，分枝较密；茶芽肥壮，茸毛较多，所制茶叶滋味鲜爽浓厚，适宜加工名优绿茶 |

续表

| 序号 | 品名 | 来源方式 | 繁殖方式 | 适制茶类 | 主要性状 |
|---|---|---|---|---|---|
| 22 | 峨眉问春（省级） | 系统选育、无性系品种 | 无性繁殖 | 绿茶 | 属灌木型，中叶类，特早生种。树姿半开张，分枝较密，节间较长，芽叶夹角大，易采独芽。成叶绿色，有光泽，叶面微隆起，叶缘微波，叶尖钝尖，叶身平。制成的名优绿茶色泽绿润，香气栗香高长，汤色黄绿明亮，滋味鲜爽回甘，叶底黄绿明亮 |

## 第三节 茶树良种苗木繁育

茶树无性繁育的方法大约有三种，即压条法、扦插法和细胞繁殖法。压条法繁殖系数低，速度太慢；细胞繁殖法速度快，技术性强，农民朋友难以掌握；扦插繁育方法简单，繁殖系数高，速度快，易掌握技术。扦插繁育又分为根插、叶插、枝插、长穗插和短穗插五种，最适用的为短穗扦插法。

### 一、茶苗繁育

#### （一）穗条培养

确定了要繁育的品种后，就要选择该品种的壮龄茶园作母穗园，母穗园要求品种纯度100%，若不纯就要先去杂后培养，不然繁育出来的茶苗就成杂种苗；同时，加强该园的肥、水和病虫害防治管理，使穗条无病无虫，梢长粗壮。

(二) 苗圃地选择

一般苗圃地要选择在交通、水源方便的地方，酸性或微酸性土壤为好，土壤太沙或太黏均不适宜作苗圃。土地选好后，及时理通排水沟，使土壤干燥疏松，便于翻耕作厢（畦)。

(三) 翻耕（撬挖）土地

四川扦插茶苗一般是夏季（夏插)、秋季（秋插）或初冬季节（冬插主要是川南茶区)。夏插的则在收了小春后翻耕土地；秋插的则在收了大春的玉米或蔬菜、西瓜进行翻耕；冬插的则在收了大春水稻或蔬菜后翻耕。土地翻耕后，让太阳暴晒几天，让太阳光中的紫外线对土壤进行一次简单的消毒，这很重要。

(四) 开厢（作畦）施底肥，再次进行土壤消毒

土壤经日光消毒后就可作厢，作厢前必须将田块四周理好排水沟，若田块在1 000 平方米以上，中间还理 2 ~ 3 条主沟排水，然后按“东西向”作厢，厢宽 140 厘米，厢高 10 ~ 12 厘米，人行道（厢与厢之间的道路）宽 18 ~ 20 厘米，深度与厢高相同。厢面基本形成后，每667 平方米施腐熟的油枯 100 千克左右，均匀地撒在厢面上，然后在厢面上反复浅耕（深度8 ~ 10 厘米）2 ~ 3 次，把肥料嵌入土壤中，同时捡去厢面卵石、瓦片和草根树根等杂物，然后用多菌灵或百菌清或甲基托布津对厢面做一次认真消毒。

(五) 铺无菌土

无菌土又名生土，是将松树林内表层有树根、草根的土壤刨开，取下面的细土壤，铺在厢面上，厚度3 ~ 4 厘米，并将厢面用木板打平整，厢边更应打紧打实，以防厢边

垮塌。

（六）剪取短穗

将成熟的穗条取回后，均匀斜放在阴凉通风、地面湿润的屋内，然后用手剪（修枝剪）将穗条剪成一叶一穗，长度2.5~3厘米，中叶种3厘米左右，小叶种2.5厘米左右，若叶片过大、过长，可剪去叶子的1/3或1/2均可。

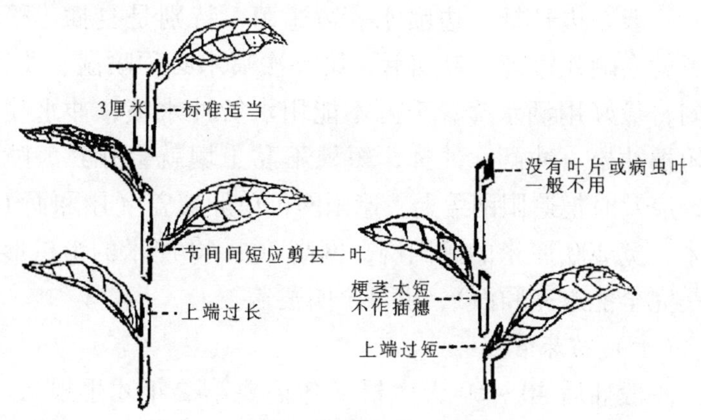


图12 各种插穗的选取与比较示意图

（七）短穗处理

为了不使短穗上的病虫卵块或病菌带入苗床，又要使短穗很快发根，可采用“多菌灵”或“绿金（印楝素）”防病治虫，或者用与白酒溶解的“生根粉”溶液（500~800倍液）浸泡短穗20~30分钟。如果穗条无病无虫，生长健壮，可以不加处理直接扦插也可。

（八）扦插短穗

处理或剪取的短穗应及时插入厢面。方法是：小行距8~10厘米，株距2~2.5厘米（根据叶面大小确定行距和株距），斜插入厢面至叶梗为止，边插边把土壤压紧，使短穗固定，斜度70度~80度，太斜或太直均不利生根。一般苗圃地土地利用率在70%左右，可扦插面积在467平方米上下，每667平方米厢面上要插21万~24万个插穗，插得少，壮苗多，插多了。小苗、弱苗多。茶农一定要根据品种、叶型大小确定扦插数量。

（九）喷水和遮荫

一般是边扦插、边喷水、边遮荫，特别是夏插，稍不注意就会晒死短穗。夏插后，第一次喷水必须喷湿、喷透、喷匀，最好用洒水壶，千万不能用水管冲水喷，冲水喷易使短穗冲松、冲翻、冲掉，短穗不黏土壤就会死亡。喷水后，应及时把遮阳网盖上，遮阳网可单厢覆盖（用厢面140厘米，宽200厘米的遮阳网，网高30~40厘米的半拱形遮盖是完全能遮完厢面），也可全园覆盖。

（十）苗床管理

一般插后40~60天生根（冬插要第二年才生根），苗床铺了客土后，一般很少长草，即使有草都在第二年春、夏季，扦插当年管理简单，主要是水分管理。若干旱，厢面发白，才需再次喷水，喷水次数多了，降低苗床温度，影响发根；若厢面或厢沟有杂草时，尽快扯了；若第二年5~8月苗床出现病虫害，结合叶面施肥，对症下药，抓紧防病治虫。苗期施肥要薄，要氮肥、磷肥、钾肥混合薄施，在供水时，配成0.5%~1.0%的浓度喷施厢面或用肥料水浇灌厢面即可。

图 13　苗圃繁育基地

图 14　遮阳网苗圃基地 1

图 15　遮阳网扦插苗圃基地 2

## 二、良种推广

良种推广对茶叶产业化企业来说比较容易，而且企业也愿意投资建立茶树良种基地，而对茶农来说，就十分困难。原因大概有以下三条：一是茶农科技意识不强，认为祖宗留下来的籽茶好，管不管理都有茶采，何必费钱、费时、费力去种良种；二是良种必须良法，栽种时，基础牢、标准高、劳动强度大而使茶农不愿种良种；三是种良种必须买茶苗、买基肥、请劳动力、单位面积投资大，远不如种水稻、玉米或籽茶简单方便。如果国家没有资金扶持，茶农难以用自家的钱财与劳动力来发展良种茶园。

其实，茶农们可以算算账：比如种田，每667 平方米每年大小春加起来收入 1 000 多元，加上国家种粮补贴不足 2 000 元，还一年到头干得很累；种种籽茶，每年收入也只有几百元到 1 000 多元，最多收 2 000 元，而种无性系良种茶园三年后，每年收入 3 000~ 5 000 元非常普遍（前两年还可间种、套种，不影响收入），加之劳动强度降低了，劳动工具减少了，经济效益提高了，何乐而不为。例如：名山县农村人口 23 万，种茶 23. 6 万亩，其中良种 18 多万亩。希望广大茶农把适宜发展茶园的土地种上良种茶，把已经几十年的衰老低产茶园改植换种成良种茶园。

# 第三章　茶树种植及管理

## 第一节　无公害茶园种植

### 一、无公害茶（低残留茶）的内涵

无公害茶叶是符合国家食品安全指标，对环境不产生污染，对人体不会产生危害的优质茶的总称。其科学含义是指这类茶叶基本上没有污染、包括化学污染、物理污染、放射污染以及其他任何形式的污染。或者即使含有极微量的有害物质，其检出成分含量也符合我国农业部颁布的无公害茶的国家行业标准。

无公害茶叶的外延应该包括我国现行的无公害茶叶、绿色食品茶 A 级和 AA 级以及有机茶这四类茶叶。前三种茶叶都有行业标准，有机产品（茶）有国家标准（GB/T 19630.1～4）。“无公害茶”是一个符合食品安全指标的茶叶总称，其科学含义是指这种茶叶基本没有污染（化学污染、物理污染、放射污染等）或者即使有微量污染，也低于我国食品安全规定的标准。因此“无公害食品（茶）”是符合食品安全规则的食品的总称。

绿色食品（茶）是我国对安全、优质、营养食品的总称。1990 年 5 月 15 日，农业部第一次召开绿色食品工作会议，绿色食品开始起步，1991 年颁布“绿色产品管理暂行办法”，1993 年颁布“绿色食品管理办法”。同年，在北京成立绿色食品发展中心。绿色食品是我国特有的名称，也属于无公害食品的范畴，根据食品质量分为A级和AA级。

有机茶是有机食品中的一种。早在20世纪60年代就已在国际市场上出现，1972年，国际有机农业运动联合会（IFOAM）成立，该会明确规定“有机食品是依据有机农业和有机食品生产加工标准而生产加工的产品，并持有国际有机食品组织颁发的有机食品证书，供人们食用的食品”。有机茶对茶叶中污染物的要求很严，也是一种无公害茶，与我国绿色食品中的AA级相仿。

## 二、无公害茶叶的产生及现状

无公害茶于20世纪80年代末诞生，并逐渐发展起来的，当时是为了适应国内外市场的需求。农业部通过大量调查研究决定在全国范围内实施“无公害食品行动计划”。该计划的目的是全面提高农产品质量安全水平，从产地和市场两个环节入手，通过对农产品实行“从农田到餐桌”全过程质量安全控制，用8～10年的时间，基本实现主要农产品生产和消费无公害。其中，无公害茶叶就是“无公害食品行动计划”的组成部分之一。

随后农业部进一步将无公害茶的生产定位为政府行为，已于2010年6月初开始实行，凡是从事茶叶生产的企业必须取得QS（质量安全）认证，否则产品不能进入市场。

目前，四川省茶园绿色防控面积达到288.37万亩，比上年增加138.37万亩。全省有60多家企业的产品获得了无公害农产品证书，有275.9万亩茶园通过了农业部无公害农产品基地认证，比上年增加40.9万亩，占全省面积的60.17%，占投产茶园的85.0%，峨眉山市、洪雅县、名山县被列为全国无公害茶叶示范基地县；全省有21家企业的79个产品获得了绿色食品证书，有40余家600多吨产品获得有机产品认证，有机茶园认证面积达8.0万余亩（含转换面积），其中马边县有机茶认证面积达3万余亩，成为四川乃至西部地区有机茶第一县。竹叶青、绿昌茗、嘉竹等3家企业通过了全国茶叶GAP一级认证，这为推动良好农业操作规范的实施，促进出口起到了积极的作用。在雅安、乐山、宜宾、成都、眉山等地建立了10个茶叶出口原料基地，面积达30万亩。四川已成为全国的茶叶优势产区和茶叶生产标准化、清洁化、机械化、集约化的重点示范区。

## 第二节　宜茶地的选择与规划

茶树一经种植，数十年不会轻易变动，因此，建立新茶园时，应有长远考虑。首先要选好宜茶地，进行科学规划设计，然后按设计方案合理垦殖土地，科学种植茶树，做到高标准、严要求，保证茶园建设质量，以达到迅速投产、持续丰产的目的。

### 一、宜茶地的选择

茶树原产于亚热带温暖湿润的森林覆盖地区，在系统发育过程中，通过长期的自然选择，同化当地气候、土壤条件，形成了喜欢温暖湿润气候和酸性土壤而怕寒冻、干旱和碱性土壤等习性。这些习性传给后代，成为种性。种性经个体发育的世代交替，比较稳定，虽经历代劳动者长期培育，进行人工选择和气候驯化，茶树被迫同化某些可以接受的变化了的环境条件，逐渐产生了新的适应性或变异，但如果外界环境变化过大或过于突然，超过了茶树能接受的范围，它就不能适应，茶树就会生长发育不良或趋于死亡。因此，必须根据茶树对外界环境条件的种性要求，选择适宜于茶树生长发育的地方建立茶园，才能通过合理的栽培措施，促使茶树生长健壮，实现高产优质。

宜茶地依面积大小而言可分为两种，一种是面积数十亩、数百亩乃至数千亩的大片荒地和森林异地，宜于建立较大规模的茶场；一种是农民房前屋后或自留山林隙地，面积较小，宜于建立精耕细作的小茶园。无论规模大小，均应根据土壤、气候、地势等条件来选定。

（一）土壤条件

茶树对土壤酸碱度的要求最为敏感，pH 值在 4.0 ~ 6.8 的范围内，茶树均能生长，而以 pH 值 4.0 ~ 5.5 最为适宜，国内高产茶园的 pH 值都出现在这种酸度范围内（如表 5）。

表 5　土壤酸度与产量关系

| 地址 | 亩数 | 干茶产量斤/亩 | 土壤 pH 值 |
|---|---|---|---|
| 新昌长渠 | 2 亩 | 781.3 | 4.28 |
| 新昌县— | 共青园 | 689.9 | 4.24 |
| 名山双河 | 2.2 亩 | 911.3 | 4.2 |
| 湖南 | 15.15 亩 | 1031 | 4.3 |
| 广东红星 | 2.94 亩 | 1410 | 4.5 |

茶树在 pH 值 7.0 的中性土中生长差，超过 7.0 的碱性土不能生长，主要是体内的矿质营养受阻，但 pH 值在 4.0 以下生长也不太好，主要是土中代换性钙、镁缺乏。因此，选择宜茶地，首先要测定土壤酸碱度。茶树对土壤 pH 值的严格要求是由于：遗传赋予后代的种性，上述酸度的土壤

中所含钙和铝的活性强度最适于茶树生长和根系吸收，在上述酸度范围内，与茶树根群共生的菌根菌活性较好，茶树根液的酸度在此阀限内最利于离子交换等。

测定土壤酸碱度的办法，可用 PH 指示剂比色法或石蕊试纸测定土壤溶液的呈色反应，也可用1%盐酸溶液滴在土壤上，如立即有气泡发生，说明正在进行酸碱中和反应，土壤为碱性土，不起泡则为酸性土。测定时，必须从点采取样土，不同土色、土类，表土、底土分别测定，以免产生误差。如无上述设备，亦可根据地面植被有无酸性土指示植物来辨别。比较常见的指示植物有杜鹃（映山红）、铁芒萁（大蕨萁草）、油茶树、杉树等，凡是生长这些植物的是酸性土壤，适宜种茶。有些植物，既能生长于酸性土壤，也能生长于碱性土壤，如柏树、水竹等，不能作为指示植物。

茶树是忌钙植物，如果土壤中含有的石灰质（碳酸钙）超过0.5%，茶树生长发育就有危害。所以石灰质母岩形成的土壤，特别要注意岩层情况，如果属石灰岩风化而成的石灰性紫色土或石灰性冲积土，不宜种茶；但四川雨量较多，石灰的淋溶较剧，成土母质虽为石灰岩，而表土、底土均呈酸性反应的，也可种茶。重庆市南桐区青年乡的茶园就是实例。

选择宜茶地的第二个要求是土壤土层必须深厚。因为茶树是深根性植物，在根系发育中又有层性现象，为了保证多层次根系能够充分伸展发育，土层厚度必须达到80厘米以上，其中活土层至少应有50厘米深，土层浅薄的不宜种茶。如果土层深度达不到要求，可进行深翻改土，加厚土层。另外，土壤结构要求质地疏松，通气、透水性能良好，容重较低，底土保水保肥性较好，一般以砂质壤土为宜。黏土、砂土、地下水位高或低洼积水的地方，茶树生长不良。茶树对土壤质地和物理性能的要求是：孔隙度在50%左右，其中有60%~70%的液相，容重为1.0~1.2克/平方厘米。

宜茶地土壤的第三个要求是，土壤化学性能好，即有机质含量多，肥力高。一般要求有机质不低于1.5%，并富含可给态的氮磷钾元素。这种条件在四川新开荒地中不多见，如果达不到要求，可用重施有机肥和补足速效肥逐步加以改良。各地能够种茶的荒地，一般很难完全达到上述标准，只能相对地选择比较适宜的土壤，加以改良，使其达到茶树生长发育的要求。其中改造较为困难的是土壤酸碱度，由于土壤的缓冲性，改变酸碱度需要很长时间，往往赶不上茶树生育的速度。因此，选择种茶土地时，一定要尽可能选择最佳酸度的土壤，至于其他条件，如深度、物理性、化学性等，均能用人工方法尽快加以改良。

（二）气候条件

茶树适栽地区的年平均气温要求在13℃以上，最好在15℃以上。四川大部分茶区年平均气温为14~18℃，夏无酷暑，冬无严寒，适宜于茶树生长。

茶树新梢伸育和根系生长的适温范围在15~30℃，通过10℃以上的年积温（即茶树年生长周期内达到10℃以上的日温的总和）最低限为3 500~4 000℃，最适为4 000~6 000℃。有效积温高，则新梢伸育最大，育芽轮次多，产量亦高。但茶树在气温升高至35℃以上时生长停滞，当连续高温干旱，土壤供水不足时，幼芽萎蔫，新梢弯垂，甚至出现严重灼伤，所以日平均气温过高也不利于茶树生长。茶树的耐寒性较差，一般最低临界低温为－8～－10℃（因品种不同而有差异），如连续低临界线以下，茶树就会冻害。早春发芽而寒潮骤临，会使新芽冻伤。

四川茶区的有效积温一般均在5 000℃以上，少数地方达6 000℃；亦有少数高山茶区只有4 000~5 000℃，这些地带，茶树新梢生长量较少。四川超过30℃以上的高温日数和临界低温日数均很少，对茶树影响不大。当然，开辟新茶园宜选择在有效积温较高的地方。

水分对茶树生长发育十分重要，茶树要求年降雨量在1 200毫米以上，生长期月平均降雨量都在100毫米左右的最好。空气湿度较干燥的地方种茶生长不良，以相对湿度80%左右为好。四川许多茶区雨量分布不平衡，如川东早春干旱，川西夏多暴雨，对茶树生长不利，所以开辟新茶园最注意修建蓄水池，以利干旱灌溉，或用江河埝渠之水提灌，尽可能满足茶树生长期的用水量。

光照对茶树生长影响很大。四川多数茶区的低辐射和散、温射光对茶树生长发育有利。但也有一些地方，夏日光辐射过强。为了调节光量和光质，改善茶园的小气候，可以在茶园周围种植一些树木，密度不要过大；也可茶园间种高秆夏季绿肥，增加茶园隐蔽度。

（三）地势、地形

地势、地形对茶树生长发育、茶园水土保持、机械耕作以及交通运输都有一定影响。

在海拔高，气温低，云雾多，湿度大的地方，虽然茶树生长量较小，不利于高产，但由于漫射光好，含氮化合物积累多，新梢持嫩性强，制成绿茶，香气高、滋味好；另一方面，高山环境的茶树碳代谢积累较差，单宁物质含量低，制红茶往往浓强度不足。一般而言，海拔每上升100米，日平均气温下降0.5~0.6℃，生长期也随之缩短，发芽轮次减少，单位产量赶不上低海拔茶园。如名山县蒙山茶场，海拔1 200米的茶园，一年自然生长只能育成两轮半新梢。同县双河公社，海拔660米的茶园，一年自然生长可育成3轮新梢。蒙山制成的绿茶香气馥郁，滋味醇和，而双河的绿茶香气滋味均不及蒙山，但单产比蒙山高。再从社会条件看，高山茶区，往往交通不便，劳动力不足，茶叶采制运输都不便利，这是应该考虑的。必须指出的是，茶叶品质的好坏，自然因素固然重要，但可通过人为措施改变茶园小气候条件，从而提高茶叶的天然品质。因此，从大面积发展和集约经营的角度考虑，今后发展茶园的重点应在浅山、丘陵地带，高山区只在有条件的地方才可适当发展。

所谓“高山出好茶”并不是绝对的，更非山越高茶越好。四川地形多变，海拔差异很大，适宜茶生长的海拔高度有一定的限制。根据四川茶区以往的经验，最高种茶区域不宜超过海拔1 500米，超过此限度，茶树年生长期极短，产量很低，经济价值很低。一般来说，茶园的高度应选在海拔1 200米以下的地方。南方引进的品种如云南大叶种，宜于种植在海拔800米以下地区，以免受冻。

荒山坡度太大，开垦后，水土易流失，而修筑梯地工量大，土地利用率不高，且易垮塌，所以一般应选择坡度在30°以下的地方开垦茶园，30°以上的地方植树造林。

山坡的坡向，对茶树生长也有一定影响。向阳山坡，温度高，湿度小，光照强；阴山坡则相反。所以高海拔低气温的地方，应选择阳坡种茶；低海拔高气温的地方，宜选择阴山坡植茶。

为了便于管理、采茶、运输和逐步采用机械耕作，应选择成片集中，坡向较一致，并考虑邻水源和公路的地方建立茶园。

## 二、茶园规划设计

### （一）整体规划

在开垦之前，对所选择的基地进行整体规划时，如果是山地，首先要考虑到植茶地块的坡度宜超过25°，可以规划为防护林或用于建设蓄水池、有机肥无害化处理池等用途，而且山顶上应该留有一定的林地。植茶地块以每块3～7公顷为宜。面积太小，容易造成道路分布过密，导致土地利用率低，而且行道树之间距离太近，遮阴率偏高，不利于茶树生长，同时也不便于机械化作业。但面积过大，也不利于茶叶生产资料和茶树鲜叶的运输。规划的植茶地块，以正方形或矩形为好，长、宽度要适合茶行的安排。植茶地块划分后，接着合理布局道路网络和排灌网络。每块茶地之间布置支道，以便茶园耕作机械和采茶机械等进出。若干块茶地之间应该设置干道与通向茶叶加工厂和办公所在地的主道相连，用于生产资料和鲜叶运输。在考虑道路网络的同时，还要把行道树、排灌系统的用地留出。

### （二）土地规划

山地地形复杂的，应根据山势高矮、坡度大小、土壤条件的差异，合理规划利用。凡坡度在30°以内的，土层深厚，土壤酸性，比较成片集中的地方，可建立连片式的长条形茶园；坡度陡的山顶、山脊可划为间隙林带，沟边、路旁密植行道林。茶场土地面积很大的，为了便于生产管理，应根据地形、地势划分片段，种植不同品种的茶树，以调节采摘期和改善品质。从建园起就要分地块制订茶园技术管理方案。地形适中、地势较平坦的地方，修建制茶厂房、仓库和居住房舍。居住点附近地块，可种植蔬菜、饲料草，修建牲畜圈栏。修建房屋要节约利用土地。

（三）道路网

大片茶园的道路分为干道、支道和步道，互相连接，组成道路网。干道是连接各生产区、制茶厂和场外公路相通的主道，要求能通行汽车和拖拉机。公路路面应符合乡村六级公路标准，坡降不能太大，以保障运输安全。支道是茶园区、片的分界线，其宽度应能通行小马力手扶式拖拉机和耕耘机、采摘机，路面要求平坦。步道是茶园地块和梯层间的联系道，宽40～60厘米。实行机耕的茶园要预留车辆回头道和田间通道。一般规模不大的茶园可以只设道、步道，不设干道，以提高土地利用率。

地势起伏不平的，可沿分水岭修筑干道。山势较陡的，可在山腰偏下部修筑干道，路面应中间略高，两边有排水沟，水沟经过山谷处修涵洞，以免山洪冲刷路面。坡度大的茶园支道，步道应修成“之”字形，迂回而上，以减少水土冲刷。为了少占土地，可以路沟结合，以排水沟的堤坎作为道路。

茶园垦殖之前应先划定支道、步道的位置，然后边开垦土地，边筑路基。如果修好梯地再筑路，容易打乱茶行，毁坏茶地；如果先修路后筑梯地，则损毁路面，所以宜同时进行。

（四）排蓄水系统

掌握排蓄兼顾扩散工艺原则，建立一套由隔离沟、纵沟、横沟、沉沙凼（亦称鱼鳞坑）、蓄水池组成扩散工艺排水蓄水系统，既可防止丽水径流冲刷茶园，又可蓄水抗旱和解决施肥、喷药用水，变水害为水利。

隔离沟 又称横山埝。设在茶园上方与荒山、陡坡或森林交界处，其作用是隔绝山坡上雨水径流，使之不能侵入茶园，冲刷土壤。隔离沟深厚度为100厘米×66厘米，横向设置，两端与天然山沟相连，或开人造堰渠，使水流排入蓄水埝塘，以免山洪冲毁农田和茶园。

纵沟 顺坡向设置，用以排除茶园中多余的地面水。应尽量利用原来的山溪沟加以改建或修补。纵沟可沿茶园步道两侧设置，要求迂回曲折，避免直上直下。坡度较大的地方，可开成梯级纵沟，以减缓水势，防止径流冲毁茶园梯坎和道路。纵沟大小视地形和排水量而定，以大雨时能排水畅通为准。沟壁可蓄留草皮，或植蓄根性植物，以防水沟垮陷。纵沟应连接水池或埝塘，以便蓄水。

横沟 又叫背沟，在茶地内与茶行平行设置，与纵沟相通，其作用是少量蓄留梯地上的雨水，浸润茶地，并排泄多余的水入纵沟。坡地茶园每隔10行左右开一条横沟，梯式茶园每台梯地的内侧开一条横沟。沟深20厘米，宽33厘米。在较长横沟内每隔2~3米筑一小埂或挖一小坑，以便蓄留部分雨水，使之渗入茶园，供茶树吸收利用，并可减少水土流失。做到小雨不出园，大雨不冲刷。

沉沙凼　纵沟内每隔一段距离挖一个沉沙凼，深宽各为50厘米，长60~70厘米，其作用是走水沉沙，并可减缓流速。如果当地坡陡、土松，则应每隔2~3米挖一个沉沙凼。在横沟和纵沟交接处，以及梯级纵沟的流水降落处，都要挖沉沙凼。道路两旁纵沟中的沉沙凼宜交错设置，以免影响路基。大雨后，要经常挖出沉沙凼中的泥沙，挑回茶园培土。

蓄水池　茶园施肥、灌溉、除虫都要用水，一般每5~10亩茶园应建一个蓄水池。水池与排水沟相连，进水口设滤网和沉沙凼，以免泥沙淤积于池内。也可在水池附近修一个粪池，便于取水泡沤青肥。池壁要用黏土、石灰修砌，并经常检查修补，以防渗漏。规模较大的茶场，可修建一些山弯水库，蓄水用于生产和生活。水库应建于茶园上方，以利自流灌溉。

排蓄水系统要作整体规划，使各部分互相协调，联系贯通，能蓄、能排、能灌溉。有条件的还可修建地下管道，做灌溉或滴灌之用。

(五) 防护林

茶园种植防护林可以保持水土，改善茶区气候，冬季减轻严寒和大风的侵袭，夏季增加空气温度，减少茶地水分的蒸发，以利于茶树生长。

防护林一般种在茶园周围的路旁、沟边、山顶以及垭口迎风的地方。防护林的树种最好是高干树和矮干树相搭配，选择生长较快，有一定经济价值的树木。四川省宜选用杉树、桉树、油茶、油桐、乌桕、女贞、香樟、棕榈等树种。

川东南夏季日照较强烈，常有伏旱发生，最好在茶园梯坎和人行道上适当种植一些高干遮荫树，但不宜过密，更不能种在茶行里。树冠应高于地面3米以上，以免过多荫蔽，妨碍茶树生长。

## 三、茶园垦殖

### （一）开垦季节的选择

由于园地开垦时破坏了地面原有的植被和结构，容易造成水土流失。因此，开垦工作应该避开雨季，选择秋冬季开垦，这样可以缓和开垦工作与农作物争劳动力的矛盾。

### （二）地面清理

地面清理是将地面原来生长的杂草、树木、乱石和坟堆等加以清除，以利于开垦工作进行。

首先，按照规划要求，将道路两旁可以用于行道树的树木做好标记，留出不砍，直接作为行道树使用。这样，既可减少砍伐树木，保护生态，又可减少种植行道树所需要的树苗和培育工作，节省开支。此外，规划中作为防护林带的地段，要保留全部植被，其他树木和杂草可以全部刈除。操作时，先刈除植株高大、可以作为建筑板材利用的乔木，然后刈除矮小的树木和灌木。刈除后，杂草可以作为堆肥或烧焦泥灰的材料，充作茶园肥料，如果杂草数量不多，可以在开垦时将其翻入土层深处，用以提高茶园土壤有机质和肥力。

其次，刈除植被后，还必须将园地内部的石块和坟堆等清除干净。石块可以作为道路、水池、水沟等的建材；迁移和清理坟堆时，应该尽可能把坟堆的砖块、石灰等彻底清除出园，清理的深度应该达到离地面1米以下。如果经检验，坟堆附近的土壤pH值大于6.5，应该适量施用硫黄粉，降低土壤pH值，以利于茶树的生长发育。另外，如果发现园地内有白蚁，必须采取相应的灭蚁措施，以免茶树受到白蚁危害。

（三）测量等高线

地面上海拔高度相同的点连接起来的线称为等高线。测量等高线的工具有经纬仪、罗盘仪、平板仪等。我省茶区群众常用的简易工具有两种，一种是“等高线测量器”，用以测定坡度和等高线。可用一块木板或纸板，做成一个等边三角形，每边长33厘米，在底边的中心挖一个小孔，小孔内拴一根绳，垂直通过对角，下端悬一小锤体。三角板的两边，用量角器划出刻度，再在底边两端等距离开2个小孔，穿上两根线，将此二线系于一根长18～20厘米的绳上，使三角悬于绳的中腰部。再将绳系于两根同等长度的竹竿上即成。另一种简易工具是等腰直角两脚规。用两根2米长的木条，把一端连接成直角，再用一块横木板固定于两木条之间，然后在直角的顶端系一长绳，悬一锤体，使之通过横木的中心点，然后用量角器刻出度数即可。

测定坡度时，先将等高器一端的一根竹竿竖立在坡地上方，另一竿竖立在坡地下方，拉直绳子，看三角板两腰上的度数，即为这一地段的坡度。测量等高线时，一般从山坡上方开始测量。将坡度比较复杂的一段作为始测段，选定一点将等高器一竿固定于始测点，另一竿立于另一方向，上下移动，直到垂线对准三角板中心“0°”时，表示两点在同一高度上，插上木桩作为标记，然后用两脚规测定两点间各小段的等高点，插上小木桩，以便在起伏地形测量时能基本上在一条等高点上连接成线，随后再用等高器移动找出更长的延伸等高线，如此反复测量，即可划出第一条等高线。这两种工具结合使用可使划出的等高线比较准确，工效亦快。

第一条等高线称为基线，缓坡地等高种植的茶园，可以基线为准等距离地按一定的种植行距划出其他各条等高线。但在测量梯式茶园等高线时，必须以所要求的梯面宽度，加上梯壁的倾斜度投影的宽度，作为两条等高线之间的距离，如此，修筑的梯面才能达到预期宽度。具体方法是：如要求梯面宽度为2米，则可用一根2米长的竹竿，一端放在基线上，使呈水平状，另一端吊一锤体，垂线投指的点即为第二条等高线的始测点，然后按第一条线的测法定了第二线。坡度越大，梯壁所占土地越宽，投影所指越远，二线间的实际距离超出2米就更多。这样，才能确保坡度最陡的地方开出的梯地也符合2米的宽度。

同一梯面有的地段坡度大，梯面只有2米，有的地方坡度小，梯面宽于2米，这是复杂地形的必然现象。可以在较宽处加种一小行茶树，以节约利用土地。

大片荒地地形常不规则，测量时应先纵观地貌，然后确定始测点，分区段测量等高线。最好边测线，边筑梯，以便宽窄相差过大时，随时调整。

（四）修筑梯地

山地茶园开垦时，为了加强水土保持，凡是坡度在10°以内的，可以不修梯地，但必须实行等高条植，每隔10行左右可修一台小梯地，以使地面趋于平坦。坡度在10°以上的坡地，必须沿等高线修筑水平梯地，建立梯式茶园，以免水土冲刷，影响茶园建设。

修筑梯地的材料用石块、草皮，或黏土块均可。用石块或条石砌坎，整洁牢固持久，但投资大，费工多；用泥土夯砌梯坎，暴雨时难免崩塌。四川省许多地方用草皮砖砌坎，投资小，花工少，只要砌得好，也较牢固。有连根性杂草植被的地方，可以采用这种办法。

修筑梯地时，先用锄头沿等高线挖好梯坎基脚，要求挖平并有一定宽度，然后用片石、块石混合草皮砖一层层垒砌，草皮要翻在下面，土在上，草在下，草皮砖大小约30 厘米×25 厘米×15 厘米。上下层的草皮砖或石块要交错堆积成“品”字形，坚实而不露缝。一面砌坎，一面将坡地上方的泥土翻切下来填平梯面。附近的小三石块，可填在梯坎基脚内侧，以巩固梯坎。草皮砖砌坎时必须有一定的坡度，倾斜成坎，不能过陡。

肥沃的表土，应尽可能保留在梯面或符号分析沟内，因此，修筑梯地时最好从下而上，先将下一台梯面修平，然后将上一梯的表土翻下来填入种植沟内或平铺于梯面，如此，梯面层层向上修筑，表土层层向下翻移，就可使大部分表皮不致翻入下层。有的地方，如果必须从上而下施工的，可先将表土翻堆在一边，待梯面修好，随即深翻种植行约 50 厘米，再将表土填在播种沟内，这种方法，群众叫做“表土回沟”，这样对茶苗生长是有利的。

各层梯地修好后，再将规划好的排蓄水系统和道路联结起来。

修筑梯地，应注意几项质量要求：

（1）梯面要求尽可能达到等高、基本等宽，但在地形、坡度极不一致的情况下，做到等高就很难做到等宽，所以要求以等高为主，适当照顾等宽，依山势大弯随弯，小弯取直。

（2）梯面宽度，如种植 1 行茶树，应达到 170 厘米，（因为除支内壁沟和边坎，实际上只有 130 厘米左右），如种植两行应加倍。

（3）为使梯坎牢固，除保持梯壁 60°~ 70°的倾斜外，还应在梯坎上种植一些宿根植物，如血皮菜、紫穗槐、金针菜等。梯坎上的杂草只能用刀割，不能用锄铲。

（4）必须同时修好茶园道路和排蓄水系统，做到梯梯接路，沟凼相通。

（五）园地开垦

土壤是茶树生长的基础条件，开垦时无论坡地状况和土壤性质如何，必须实施深翻，以促进土壤风化，改善底层土壤结构，提高其通气透水性能，加速土壤熟化。无论是大片荒地建茶园或户办小茶园，均应搞好此项基础工作。园地开垦一般分初垦和复垦，梯式茶园初垦在修梯后随即进行，要求全面垦翻 50 厘米以上，并将土内的石块、竹根、草根、树根全部清除。初垦翻起的大块土饼不必打碎，让其任意风化。梯式茶园初垦时尤其注意梯面内侧挖土的深度，因为筑梯时从内侧挖土填于外侧，所以内侧土层薄，生土多，尤宜深耕以使底土熟化。复垦时，要求将土块打碎，避免下层土壤形成空洞而影响茶树吸收水分，导致茶树生长不良。复垦深度 25 ~ 30 厘米，但要进一步清除前期未能除去的草根和树根。

在播种茶籽或种植茶苗前，要将种植行（宽50厘米以上）进行一次复垦，要求深度80厘米，同时尽量多施有机肥料，俟土块和肥料自然风化腐熟后，打碎土块，耙平地面。

新垦土地，常缺乏有机质，最好先种一季绿肥等短期作物，以加速土壤熟化，培养地力。如果开垦后立即播种，则宜于种植前施用充分熟化的有机肥（施肥层与种苗之间用土隔开），并在空行播种绿肥。

开垦深度依土壤性质和开垦工具而有所不同。土壤质地疏松、深厚的地段，人工用锄头翻锄时，开垦深度40厘米左右；土层较浅而土壤地结实的地段，用挖掘机挖掘时，开垦深度应该达到50厘米或更深。

计划留出作为干道和支道的部分，可以不必开垦。一方面，可以减少开垦工作量，另一方面，可以让这部分土壤保持比较结实，避免挖掘后土壤疏松引起道路塌陷，有利于今后道路建设。

在原来种植其他作物的耕地改为茶园时，可以在翻垦时平整并开种植沟，用于种植茶园。坡度大于25°的地段一般采取单行种茶的技术措施，所以开垦成小梯田或植茶时采用沿坡等高布置茶行。

## 第三节　茶苗栽种

### 一、良种苗木的标准及选择

茶树一经种植，多年不变，所以选用优良品种十分重要。四川省以前发展的茶园，良种不多，今后在新建茶园时，应尽可能选用适合当地生态条件和茶类布局的无性系良种苗木；较大规模的茶场，应考虑当家品种和搭配品种的比例，以调节采摘洪峰，并便于拼和成茶，提升品质。

茶苗质量，首先取决于茶苗生长是否健壮，还与起苗作业有关。茶苗的大小在起苗时已经无法改变，但起苗作业时带土多少则是可以控制的。在苗圃中，茶苗根系与土壤形成紧密接触，如果起苗不带土，会造成吸收根断裂脱落，影响茶苗生长。为了达到起苗带土、少伤根系的目的，起苗时间最好在雨后晴天的早晨或傍晚进行，这时土壤湿润，阳光较弱，可以减少茶苗的流水损失，保持茶苗的鲜活度，有利于移栽成活。如果移栽时是无雨天气，应该在起苗前一天进行灌水，使土壤湿润。起苗时，如果发现有严重病虫害、品种变异不纯的劣苗，应及时弃去，避免与正常茶苗一起被移栽到新茶园中。如果茶苗需要经过长途运输，这时候很难做到大量带土，起苗时要注意尽量少伤根，并用黄泥浆蘸根，再用湿草包捆。运输过程要防止苗木堆积过厚，否则容易发热造成落叶伤苗，影响成活。苗木运输到达目的地后，必须及时栽种定植，否则就要在排水条件良好的地方进行假植保苗。

茶树品种的选择，一定要适应当地土壤、气候等生态条件和适制茶类。种植前必须按 GB11767—89《茶树种子和苗木》标准对苗木进行质量检验和植物检疫。选用适应当地自然环境、表现多抗性的品种。种苗必须选用无病虫害、苗高 20 厘米以上、生长健壮的一年生无性系茶苗。

四川省以生产名优绿茶为主，应选择发芽早、氨基酸含量高、酚氨比低的品种，如福鼎大白茶、福选 9 号、特早 213、名山 131 和 311、天府茶 11 号和 28 号、龙井 43 等。

不同品种搭配可增加生物多样性，降低病虫害和气象灾害的危害，促进无公害茶叶的生产。不同品种要合理搭配，一般特早生品种应占50%以上，早生和中生品种占40%，晚生品种占10%左右。

## 二、种植规格和茶行布置

### （一）种植规格

（1）单行条植法：行距150厘米，株（丛）距33厘米，每穴栽3株，每亩需茶苗量4 000株左右。

（2）双行双株错窝条栽：大行距150厘米，小行距33~40厘米，株距20~33厘米，每穴栽2株，每亩栽6 000~8 000株。

### （二）茶行布置

进行茶行布置时，首先要确定种植密度。合理的种植密度，能提高茶树对光能的利用率，加速茶树封行成园，提早进入投产期。研究证明，双行双株错窝条栽可以实现“第一年种植，第二年开采，第三年达到高产”的目标。双条植茶园可以在种植后的第三年开始采收茶叶，比单条植的常规茶园提早一年开采，这是目前新开垦茶园采用最多的一种种植规格。为了使茶树在茶园中形成更为均匀的空间分布，双条植茶园的排列方式，应该使两小行的茶丛间形成“品”字交错排列。

种植密度和种植规格确定以后，接着要确定茶行在园地中的具体布置方式。茶行的布置，既要有利于水土保持，又要考虑适合机械化作业；既要便于经常性的田间作业，又要能使茶树充分利用土地的营养面积，以利于茶树的正常生长发育，获得常年高产优质。通常情况下，坡地茶园的茶行应按等高线排列，有利于减少幼龄期雨水对土壤的冲刷作用。布置时，一般以横向排列的道路作为布置茶行的基线。茶行的长度按规划中的地块而定，原则上每块茶园应整行排列，中间不断行。

## 三、开沟施肥

肥料是茶树赖以生存的营养来源。茶树成活以后，生长的好坏受到土壤肥料的影响，但园地一旦确定，土壤肥力的基础也随之确定，肥力的改进主要取决于施肥水平的高低。施肥水平高，土壤肥力提高也快。所以，基肥对新建茶园茶树的生长，尤其是幼龄茶树的生长具有十分重要的作用。

施基肥之前，应该先开好种植沟，把基肥施于沟底，上面再覆上一层土，然后种植茶树。种植沟沿茶行布置的位置挖掘，沟深40~50厘米，宽50厘米，然后将基肥施于沟底，再覆土10厘米左右，避免种植茶苗时茶树根系与肥料直接接触，造成根系腐烂而影响茶苗成活率。基肥的种类依当地的肥料来源而定，原则上以有机肥为主，如果施用厩肥或堆肥等农家肥，每667平方米茶园用量3 000千克以上；如果使用饼肥，数量250~300千克/667平方米，并与25~30千克的磷肥（如煅烧磷酸盐等）拌和后施入。

## 四、种植方法

### （一）茶籽直播

茶籽冬播或春播均可。如种子质量较差，应进行选择。春播茶籽应进行冬季贮藏，到了早春，用水选法淘汰浮于水面的干瘪籽和轻飘籽，并浸种4天以上，每天换水，最好选沉下的先播种。为使茶籽顺利发芽出土，生长健壮，在播种过程中必须掌握以下技术要点：

第一，在深耕基础上施足底肥，可使茶苗生长健壮，增强抗逆性，为高产奠定基础。茶园土地经深挖细掘后，划好播种行（梯式茶园播种行略偏向于内侧），然后沿播种行开播种沟，深宽各为40厘米左右，将底肥填入沟内，每亩施有机肥1 500~ 2 500千克，加过磷酸钙50千克。底肥施下后，填入细土，使土和肥充分拌匀，再盖细土。

第二，因地制宜选择种植密度。密度不同则投产速度和投产后个体和群体所构成的树冠基础也不同。由于地势、海拔、气候各异，应选用当地最适宜的密度，就一般而言，高山宜密，浅丘宜稀，温低宜密，温高宜稀；中小叶种宜密，大叶种宜稀。

在计划播种量时，应扣除不能发芽种子的比例，如发芽率只有85%，则播种量应增加15%。

第三，播种深度和盖土厚度要适当。播种深浅对茶籽发芽率、出苗期和幼苗生长好坏关系较大。播种过深，盖土过厚，茶苗出土迟，顶土力弱的茶籽甚至不能出苗。反之，播种过浅，盖土过薄，经过雨水冲刷，茶籽易裸露于地面，降低发芽率。播种时应挖浅窝，窝大底平，铺好细土，播种后再盖细土，一般盖土3.3~4.95厘米，冬播时略厚一些，但也不要超过8.25厘米；黏土可盖薄一些。

第四，播种后能否全苗、壮苗，关键在于保苗工作。如冬播要过5~6个月，春播也要1~2个月才能出苗，应注意防止人畜践踏、雨水冲刷和兽害，播种后应在4月间仔细检查播种行，如果播种行土壤板结，可用竹签轻轻松土；

茶籽裸露的要盖上细土；被野兽吃掉的，要补种。

幼苗抗逆性弱，出土后正值高温季节，幼茎、叶表皮细胞角质层尚未形成，极易过度蒸腾失水，或受烈日曝晒而萎蔫，甚至死亡。因此应注意防旱、保苗，主要办法有：

第一，浅耕松土，切断土壤毛细管，减少土面蒸发，并铲除杂草和提高土壤透性，以利茶苗根系发育。锄草要在干旱之前进行，锄早，锄小，锄净。如锄得过迟，茶苗骤然曝晒于烈日之下，容易枯死，造成缺株断行。最好在雨后初晴时进行锄草。茶苗过小时要用手轻轻拔除杂草，不可用锄头。

第二，就地采取蕨箕草或松杉枝叶插在茶苗旁边，减少日光直射，减少水分蒸发。另外，可在行间适当种植豆科绿肥，既可增养地力，又能遮荫。

第三，在茶苗行间铺盖山草或藁杆，可减少地面水分蒸发，保持土壤湿润，又能避名杂草丛生。夏季还可降低地温，冬季可保苗过冬，杂草腐烂后可作肥料。铺草离茶苗16.5厘米左右，厚6.6~9.9厘米，草腐烂后翻埋入土。

第四，干旱严重时，应浇水抗旱保苗。可使用少量化肥或低浓度畜肥混入水中，既供水又施肥。有喷灌条件的地区，在干旱高温季节，可采用喷灌供水。

第五，匀苗补苗。茶苗长到一年后，在雨后土壤湿润时，拔除同窝过多的苗并补植缺株，使茶行中的茶苗分布均匀。间苗时应注意淘汰细弱苗、病虫苗，并从预备圃中选取优良壮苗作补植用，使整个茶园的茶苗生长整齐一致。

（二）茶苗移栽

影响茶苗移栽成活率的因素主要有三个方面，一是移栽的季节，二是茶苗质量，三是移栽技术。

茶苗移栽的适宜季节，最好是茶树地上部生长休止，地下部根生长相对旺盛的时期进行。这样有利于根系迅速恢复，提高移栽成活率。秋冬季节是茶树地上部生长相对休止，地下部生长相对活跃的时期，是移栽茶苗的适宜季节。但不同地区的最适宜移栽季节也有所差异。冬季气温较温暖，茶树不会出现冻害的地区，最好在秋末冬初的10月底至11月初移栽种植。定植以后，在冬季，茶苗根系有足够的时间得以恢复，待春季来临，茶苗即可进入正常的生长期。由于次年的生长期较长，年末时，茶苗已经形成较健壮的幼龄茶树。但冬季气温低的北部茶区、高山茶区，如果在秋冬季移栽，茶苗容易在冬季受到冻害，轻则生长延缓，重则成活率降低。这些地区必须在冬末初春的2月底至3月初移栽，虽然当年的生长量不如前一年秋冬季移栽的茶苗的生长量，但成活率容易得到保障。

栽植茶苗时，在施好基肥并覆土的种植沟放置茶苗，使根系能自由伸展，深度以每株茶苗的根颈部与地面持平或略低于地面为宜。过深则引起茶苗的颈上方生长不定根，不利于下部根系生长；过浅又会导致根颈外露，根系吸收水分困难，而且容易被太阳晒干而影响成活率。栽植时，先按要求的每丛株数将茶苗放入窝内，每株苗之间应有一定间距，一手轻提茶苗，一手填入细土，边填边压紧，使根系伸展并与土壤结合。填土后，浇灌定根水，待水渗入土中，再盖上一层细土。移栽的深度应适当，栽到根颈处即可，不可过深、过浅。最好于浇水后在茶园铺一层干草、稻草或秸秆等，提高保水效果。

一年生茶苗移栽时较方便。二年生茶苗移栽前可先剪去地上部过高部分，以减少移栽后过多枝叶蒸腾水分，待剪口愈合后移栽。移栽时应保护根系，尽可能带土移栽，如主根太长，可剪去一部分。起苗后要及时栽植，不能放置太久，来不及移栽的茶苗，应进行假植。

移栽后的苗期根据天气情况每隔3~10天浇水一次。夏季，特别是7~8月份的高温天气，更要勤浇水，保持土壤湿润。茶苗成活后，应及时施肥，以经过熟化的稀薄人粪尿为好，最好每隔半个月到1个月浇施一次。茶苗种植后的第一个秋季（9~10月份）就要开始施基肥，施肥沟距茶树20厘米，深度20厘米以上，亩施茶树专用肥25~30千克。杂草容易与茶树争水、争肥、争光，影响茶苗的正常生长。因此，要做好除草工作。出现缺丛断行要及时补缺。

## 第四节　茶园管理

### 一、幼龄茶园的管理

幼龄茶园的管理是一项十分基础的工作，管理的好坏直接关系到今后茶树的产量和茶园生产的经济效益。因此，必须高度重视幼龄茶园的管理工作，尽可能把工作做好、做扎实。

#### （一）茶园覆草

目前，我国大多数茶园还不具备完善的灌溉条件，铺草对提高茶园的抗旱能力是十分有效的措施。茶园铺草的作用主要表现在四方面，一是抑制杂草生长；二是减少土壤水分蒸发，有利于土壤保水；三是铺草可以减少土壤冲刷，减少水土流失；四是草腐烂以后可以释放出其中的营养成分，包括有机成分和无机成分，改善土壤结构，增加茶树生长发育所需要的营养物质。

（1）草的来源。茶园用的草，应该就地取材，如稻草、麦秆、茶园周围或梯坎上刈割的杂草。但要注意的是，刈割的杂草最好先晒干后铺入茶园，而且不应该夹杂有含刺或坚硬枝干的杂草和树枝，以免影响今后的田间作业。

图 16　茶园覆草

（2）铺草的数量。铺草效果的好坏，与铺草数量有直接关系，铺草数量过少，往往难以收到预期的效果；合理的铺草数量应该是铺草后土面不外露，厚度约 10 厘米；按重量计算，大概每 667 平方米需要铺草 2 000 千克为宜。如果草的来源数量一时不能满足茶园的全面铺草，应该选择最迫切需要铺草的茶园，如高山坡陡的茶园、土壤比较瘠薄的茶园和容易出现干旱的茶园。不宜采取减少单位面积铺草量进行全面铺草，以免影响效果。

（3）铺草时间。幼龄茶园应该在移栽后进行铺草，因为秋季移栽的茶园有利于冬季保温增湿；春季移栽的茶园，由于春季即是茶园杂草生长的旺季之一，也是干旱的主要季节，这时铺草对于抑制杂草生长和预防干旱都有良好效果。

(4) 铺草的方法。平地茶园和梯级茶园，可以随意铺散，厚度均匀即可；坡地茶园应该顺着坡向自上而下，将草横铺，为了减少雨季地面水对铺草的冲刷，可以在铺草后用土块稍加压盖。铺草以后，每年进行秋冬深耕时，将草深埋土中，加速其降解，释放营养成分并改良土壤结构。

(二) 茶园耕作

幼龄茶园行间空隙大，不仅易生杂草，土壤水分蒸发量也大，加之幼苗抗逆性弱，易受草害、旱害。所以每年要进行多次除草松土。5~6月茶苗出土前后，可用小手锄或竹签在播种行仔细松土，助苗出土，并用手轻轻拔除嫩草。7~8月茶苗出土后，可在行间浅锄6~8厘米深度，并仔细拔除茶行里的杂草，不能用锄铲草，以免损伤根系，更要防止铲断植株。9~10月杂草结籽前，再锄草松土1~2次。如遇天旱，还要增加松土次数。第二年以后，为了诱导茶苗根系向四周土壤深层发展，应当逐年增加耕锄深度，行间可锄到15厘米深度，但茶苗附近只能浅锄3~6厘米深，尽量避免损伤根系。第三年，行间耕锄仍维持15厘米左右。锄草松土宜在雨后初晴、土不黏锄时进行，以利保蓄水分，并便于拔除杂草。

幼龄茶园，深耕时间不受限制，但以地上部休眠时进行为宜。幼龄茶园深耕的深度，在离茶苗较远的地方可深耕30厘米或略深一些。管理较好的茶园，三年以后，根系分布已较宽较密，深耕部位应离开茶树根颈20厘米以上。五年以后，应离开根颈30厘米以上，一般可每年进行一次行间深耕，根颈附近则应浅锄3~5厘米深。

如果在种植前未进行深翻改土的，应抓紧在苗期1～2年内进行翻耕，深度50厘米，并施入有机蒿肥。如种植前深耕过的，以后每年一次深耕，深度可以逐次浅一些。

### （三）幼龄茶树的定型修剪

#### 1. 定型修剪的原理

自然生长的茶树幼苗，主干明显，分枝较短，第三年以后才有比较粗壮的分枝出现，其生长形态是以主轴生长为主的递增，是一种单轴分枝形式，只有少数枝条是复式递增。（见表6）

**表6　自然生长的茶树分枝级数和树高、树幅**

| 苗龄 | 树高（厘米） | 树幅（厘米） | 分枝级数 | 高幅比 |
|---|---|---|---|---|
| 一年生幼苗 | 15 | / | 无 | / |
| 二年生幼苗 | 50 | 30 | 一级 | / |
| 三年生幼苗 | 60 | 40 | 二级 | 1:0.65 |
| 四年生幼苗 | 80～100 | 50 | 3～4 | 1:0.7 |
| 5～8年茶树 | 120～200 | 80～100 | 5～8 | 1:0.6 |
| 灌木型成龄树 | 200～300 | 100～150 | 8～10 | 1:0.5 |
| 乔木型成龄树 | 600± | 200± | 8～10 | 1:0.33 |

五年以后，主枝逐渐被侧枝取代，形成合轴分枝状态，枝型由伞状向圆锥状过渡，但其树型仍然高耸，幅度狭窄，分枝稀疏，育芽较少，因而鲜叶产量较低。以后生殖生长越来越旺，茶树经济寿命不长。这种自然生长的树型是不可能达到高产优质的。

茶树原产于亚热带森林，在这种特定的生态环境中茶树为了向森林空隙夺取阳光空气，所以伸出的分枝是细长的，无规则的；随着年龄增长，分枝级数不断增加，根系远距离运送水分、养料发生困难，加之顶芽受到病虫害或其他损伤，便从下部枝条萌发新枝，这种综合因素世代相传，形成了茶树的分枝习性。这种分枝习性为我们使用修剪措施塑造理想的树冠提供了可能，这就是茶树修剪的生物学原理。

2. 定型修剪的生理作用

定型修剪的生理作用是调节顶端生长优势。顶端生长优势的形成主要有两种解释，一种是激素观点，另一种是营养观点。激素观点认为：茶树的顶芽与侧芽由于发育早晚和所处位置的不同，在生长上有互相制约的关系，当顶芽生长时，侧芽即处于受抑制的状态，呈现明显的顶端生长优势，这是由于植物体内有一种数量甚微而功能巨大的生长激素。生长激素在顶端形成，以极度性运输方式向下输送到各个侧芽。这种生长素是吲哚乙酸的衍生物，生长素在低浓度情况下刺激生长。生长素下输后，侧芽积累浓度大于顶芽，加之侧芽对生长素的敏感性较强，所以侧芽受压抑而生长缓慢，顶芽受刺激而生长旺盛。试验证明，用生长素的对抗物如2、3、5一三碘、苯甲酸或整形素加到植物顶芽上，生长素的极度性运输被破坏，顶端优势随之消失。近几年，发现一种细胞分裂素（六苄腺嘌呤）也可以解除顶端优势，这种物质的结构式是：细胞分裂素在根尖合成，上输到地上产生长点顶端。细胞分裂素能促进细胞的分裂和维管束的发育，促进顶芽发育。当剪除顶芽后，腋芽成为植物新的顶端，顶端生长素的浓度因下输而降低，细胞分裂素继续上输顶端而浓度增加，于是腋芽出现了顶端生长优势。

形成茶树顶端优势的另一种解释是，生长素所起的作用是间接的，而主要是营养物质优先向顶芽运输，顶芽在一定程度上夺取了侧芽的养料，造成侧芽营养不足，生育缓慢。顶端优势也是森林覆盖植物的遗传习性，所以野生型乔木茶树的顶端优势较强，灌木茶树为栽培型，其顶端优势较弱。

茶树顶端优势还表现在其他方面，例如一个水平枝梢，向上的芽比向下的芽生长势强；下垂枝梢，基部的芽比上部的芽生长势强。如果将直立枝梢弯下来，其顶芽生长势即由强转弱，较高处的芽生长势加强，所以有人称顶端优势为“极性生长”，而用弯枝法代替定型修剪以扩大树冠。

3. 定型修剪的生理效应

幼龄茶树定型修剪后，打破了主枝的顶端生长优势，促进了新枝的萌发生长，从而获得下述几项生理效应：

（1）扩展树幅，增大叶面积，主枝增粗。实验证明，二年生不修剪的茶树，主枝粗 0.66～0.68 厘米，修剪后增加 0.71 厘米；高度、幅度由 79.1 厘米×72.0 厘米，改变为 72.1 厘米×84.3 厘米；叶面积由 7 474.5 平方厘米上升为 10 278.8 厘米。

（2）长枝数增加，地下部干物重增大。二年生不修剪的茶树，枝长 18.8 厘米，修剪后增加 26.8 厘米，地下部干物重由 183.68 克上升为 252.02 克。

（3）定型修剪后，初期根系生长量下降，以后逐渐恢复，根重增加。以三年生不修剪的茶树与修剪的相比，前者的主根长为 62.3 厘米，后者为 54.9 厘米；前者的根幅为

79.1 厘米，后者为 72.1 厘米。但前者的根重为 174.13 克/株，后者为 231.44 克/株，其中吸收根前者为 14.91 克/株，后者为 21.09 克/株，说明修剪后的茶树根重大大超过未剪的。

4. 定型修剪的方法

第一次定型修剪的高度和枝条粗度，对以后分枝强弱、多少关系很大，一般要求在苗高 33 厘米以上，剪位枝粗 0.3 ~ 0.4 厘米时进行。剪位较高的分枝多，但由于养分分散，形成分枝较为细弱；剪位较低的，养分集中，形成分枝较为粗壮。但也有一定限度，如剪位过低，则分枝太少，抑制了茶苗向上生长。一般对灌木型茶树采用离地面 13 ~ 20 厘米处修剪为宜。（如图 17 所示）。第一次修剪宜精细进行，要用整枝剪逐枝进行修剪。只剪主枝，不剪侧枝，剪位应离下位叶较近，不要留桩太长。剪口向内侧倾斜，尽量保留外侧的芽位。剪口要光滑，不能破损，以免雨水浸渍，常用修剪工具如图 18 所示。

第二次定型修剪一般在上次剪后一年进行，修剪高度可在上次剪口上提高 13 ~ 16.5 厘米（即离地高 30 ~ 37 厘米），这次修剪可用篱剪实施平剪，然后再用修枝剪修整，剪去过长的桩头和不应保留的枝条，促进分枝向外侧发展。（如图 19 – 图 20 所示）。

第三次定型修剪在第二次剪后一年进行，如果茶苗生长旺盛，也可提前在地上部休止期进行修剪。这次剪位在第二次修剪剪口上提高 6.6 ~ 10 厘米（即离地 40 ~ 50 厘米），用篱剪剪平即可。

幼龄茶树第一次定型修剪

图 17　茶园定型修剪 1

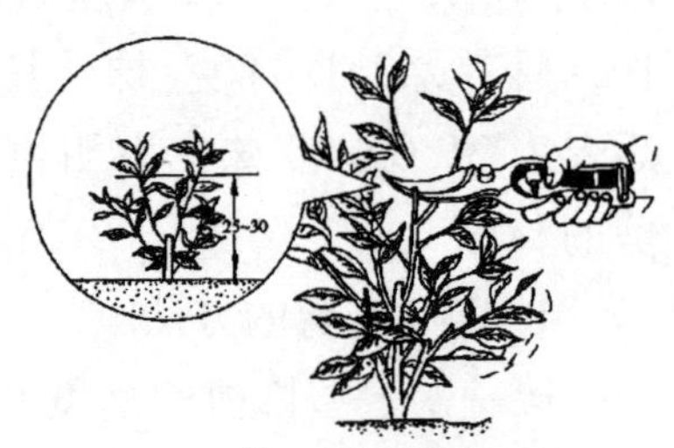


第二次定型修剪

图 18　茶园定型修剪 2

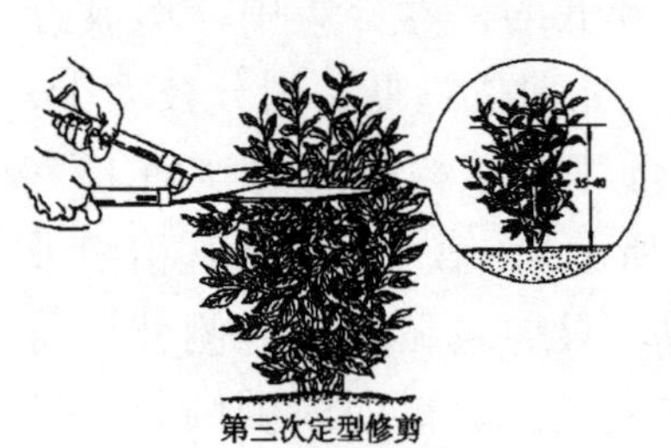


图 19　茶园定型修剪 3

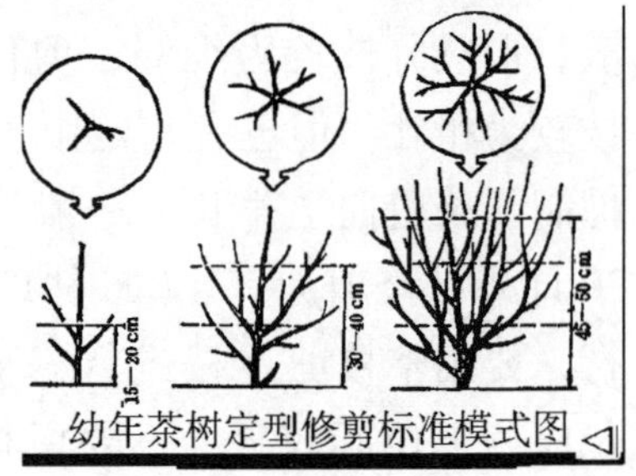


图 20　茶园定型修剪 4

三次定型修剪都是为了培养茶树的层次骨架枝，每次修剪后发出的新梢，都是将来的骨干枝条，所以未完成三剪以前要严禁采摘。

乔木型茶树的定型修剪，如用一般的三次定型剪法，应特别注意抑制其顶枝，有意识的扶持侧枝，诱育成分枝骨架较为平衡的冠面。

如种植大叶种，可运用精细的分段修剪法。四川种植云南大叶种的地区甚广，过去对这个品种的特性了解不够，采用一般的定型剪法，形成的树冠不够理想。今后应该尽可能采用分段修剪的方法。

分段修剪法是：第一次定型修剪仍在苗高 30 厘米左右、

枝粗 0.4 厘米以上时，从离地面 12 ~ 18 厘米处剪去。第一次剪后，长到枝长 20 厘米以上，茎粗 0.4 厘米以上、有 2 ~ 3 个分枝时，开始实行分段修剪，每隔 20 ~ 40 天剪一次，一年内剪 5 ~ 7 次（实际上同一枝条可达 2 ~ 3 剪次）。

分段剪的枝条对象，必须符合以下三种情况之一，即：①茎粗 4 ~ 5 米，长度 20 厘米以上；②具有 7 ~ 8 片叶片；③枝条木质化或半木质化。每次只剪符合条件的枝条数 1/3 ~ 1/2 修剪枝留桩长度从分枝叉口延长 8 ~ 12 厘米，中心枝要强剪，只留 8 ~ 10 厘米，旁侧枝要轻剪留 10 ~ 12 厘米，压主扶侧，剪强养弱。如此进行两年，每株茶树已有枝条数 40 ~ 60 枝，离地高度达 60 厘米左右，这时再剪一次，剪平冠面。此后只剪顶端优势特强的枝条，并做到早剪、嫩剪、低剪；对个别突出枝条（霸王枝）要压低段位深剪；同时结合留叶采摘，清理无效枝，养成平衡、较密的蓬面生产枝层。

分段修剪的优点是：①克服云南大叶种顶端优势特强的性状，塑造分枝较均衡的骨架；②塑造成低位树冠；③相比一年一度的修剪方式，增加了同等高度的分枝级数，形成上层生产枝较为密集。

5. 修剪的时期、高度和应注意的问题

（1）定型修剪的留桩高度应依据以下原则确定：①乔木型品种，侧重于抑制顶端生长，增加生产枝数量，所以剪位宜矮，剪次宜多；灌木型品种，一般发芽较密，侧重于培育壮枝，所以剪位宜略高。②温暖地区生长量大，如水肥充足，生长势旺，剪位宜矮；水肥不足、生长势弱的，剪位宜略高。寒冷地区生长量较小，但培育较矮树冠，有利于越冬，所以剪位也要矮一些。③按所要求的成型茶树树冠高度决定剪位高低，如要求成型后树高 80 厘米，则剪位宜矮；要求树高 100 厘米，剪位可略高。

（2）定型修剪的开剪时期应根据茶苗枝条粗壮度而定，不能只看茶苗高度。只有达到一定的粗度时下剪，才能保证骨架枝的质量，否则，分枝数量虽多，但很细弱，不能形成健壮的骨架枝。所以中小叶种开剪时的枝条粗度不低于0.3 厘米，大叶种的枝粗不低于0.4 厘米，而且要在枝条已经木质化时才开剪。如果苗高已达 33 厘米以上而枝粗尚未达到标准，则应加强肥水管理，推迟剪期，待枝粗达到标准后再剪。

（3）定型修剪不能以采代剪。采摘和修剪从表面上看都能解除顶端优势，促进腋芽萌发生长，但二者之间有本质的不同。因为采摘是摘除幼嫩新梢，而修剪是剪除部分木质枝条。修剪剪位较深，从剪口以下木质枝发生的新枝比较粗壮，能形成壮实的骨架，分枝等级混乱，不能形成有层次的壮实骨架和理想的树冠，势必影响将来的产量。

6. 定型修剪的培养

定剪三次后，树高可达 50 厘米左右，此时尚属幼龄，在两年内以养为主，采养结合，每次采茶留真叶 1 ~ 2 片。这样，可使分枝密度适中，分枝强壮。待冠面生产枝逐渐形成后，再正式投产。

（四）幼年期各年度茶园管理

1. 移栽后第一年或当年的田间管理

（1）铺草。秋冬季移栽的茶园，为种植后第一年，春季移栽的茶园则为种植当年。本年度茶苗根系没有充分恢复和生长发育，主要管理任务是保证移栽茶苗的根系恢复并成活。这时茶苗还幼小，茶行间土壤疏松而且裸露，为了减少土壤水分蒸发和雨季土壤冲刷引起的水土流失，最好的方法是在茶行间铺草。

（2）施肥。适时施肥，促进成活茶苗迅速成长。秋冬季移栽的茶园在第二年5月份和7月份进行施肥；初春移栽的茶园在当年7~8月份，各施稀薄人粪尿溶液1次，肥料用量掌握在每667平方米约500升左右；对于定向培植有机茶的茶园和AA级绿色食品的茶园，不宜施用人工合成的化学肥料，只能施用有机肥。通过施肥，既可以预防干旱，又能及时补充幼龄茶树生长发育所需的营养成分，对于移栽成活后茶苗的健壮生长是十分必要而且有效的。到秋末冬初茶苗生长停止时，施基肥1次，每667平方米施堆肥或厩肥等农家肥1 500~2 000千克，或者将饼肥100千克拌以15~20千克的磷肥（如煅烧磷酸盐等）拌和后施入。

（3）除草。茶园开垦过程中难免有一些草根等残留在土壤中，在环境条件适宜时这些草根会重新再生长出杂草，第一年必须把这部分杂草及其草根进一步根除，以免留下后患；除草作业可以与施肥作业结合进行，即先除草，后施肥。

（4）定型修剪。这一年的树冠管理主要是进行合理的定型修剪。本年度有两次定型修剪工作，第一次是移栽后立即进行，即在离地20厘米左右的地方用整枝剪将主干上部的枝梢剪除，留出侧枝不剪。第二次定型修剪是在茶树新梢全年生长休止时（即10月底至11月初）进行，在前一次定型修剪基础上提高10~15厘米，即在离地30~35厘米处用篱剪剪平。

2. 移栽后第二年的田间管理

（1）施肥和除草。经过前面一年的恢复和生长，茶苗的成活率已经稳定；这一年田间管理的主要任务是及时补充肥料，使幼龄茶树得到快速生长，加速成园。本年度的施肥分3次进行，即2次追肥1次基肥。第一次追肥是在春茶萌发之前的2月底或3月初进行，每667平方米施纯氮3千克的绿色食品茶园规定允许使用的农家肥或商品肥；第二次追肥时间在5月底至6月初，每667平方米施纯氮2千克的绿色食品茶园规定允许使用的农家肥或商品肥。第三次施肥为基肥，施肥时间、肥料种类可参照前一年，用量比前一年增加30%左右。本年度土壤管理的第二项内容是除草。除草应该与每次施肥结合进行，即开沟施肥前先将杂草清除，再行开沟施肥。

（2）补苗。对于茶苗死亡造成缺株的地方要用同一茶树品种的茶苗及时补苗。

（3）定型修剪。本年度树冠管理包括打顶和第三次定型修剪。如果施肥水平较高，茶树在4~6月份得到快速生长。为了抑制茶树的顶端优势，加速下部分枝形成宽广的树冠，在7~8月份应该进行一次打顶，将离地45厘米以上的新梢摘除，促进下部分枝。10月底至11月初，进行第三次定型修剪，修剪高度在前一次定型修剪的剪口处提高10~15厘米，即在离地40~45厘米处用篱剪剪平。

3. 移栽后第三年的田间管理

移栽后第三年的田间管理可以参照第二年进行，区别在于追肥和基肥的用量应该比第二年增加20%~30%。因为茶树已经逐步成园，营养吸收量相应增加，需要增加施肥量。这一年有一部分茶树已经可以开采少量茶叶，但此时养树仍然是最主要的，必须以养树为主，采收茶叶为辅；采摘的目的除了收获部分茶叶增加收入以外，更重要的是通过合理打顶采摘，促进茶树分枝，提高分枝密度。采摘应该在每轮新梢生长即将停止时进行，即在 5 月上中旬、6 月下旬、7 月中下旬和 10 月份进行 4 次打顶。10 月底至 11 月初全年茶树新梢生长停止时，进行第四次定型修剪，修剪高度以离地 55 ~ 66 厘米为宜。

4. 移栽后第四年的田间管理

这一年茶树已经进入正常采摘年份，所以茶园田间管理可以参照成龄茶园进行。施肥分 3 次追肥和 1 次基肥，第一次追肥于 2 月中下旬至 3 月上旬进行，视茶树品种的春茶萌发期不同而有所区别。一般在春茶萌发开采前 20 ~ 30 天追施催芽肥，肥料用量每 667 平方米面积约施 4. 5 千克纯氮的绿色食品茶园规定允许使用的农家肥或商品肥。第二次追肥于第二轮新梢生长休止后、第二轮新梢萌发前的 5 月中下旬至 6 月上旬进行，追肥量约为 3 千克纯氮的绿色食品茶园规定允许使用的农家肥或商品肥。第三次追肥时间在第二轮新梢生长休止的 7 月中旬前后，肥料用量与第二次追肥相当。追肥方法可以采取开沟追肥法，开沟深度和宽度各 10 ~ 15 厘米，施入肥料后覆土一层，以减少肥料的挥发损失，并保持肥料在比较湿润的环境被微生物作用分解，同时有利于茶树的吸收。秋茶结束施 150 ~ 200 千克饼肥拌 20 ~ 30 千克绿色食品茶园规定允许使用的磷肥。无施肥沟深 20 ~ 25 厘米，宽 20 厘米，施肥后用土将施肥沟填平。

由于茶树已经进入采摘阶段，树冠管理也以采收茶树新梢为主。为了协调好养树与采茶的关系，应该注意留叶标准。名优茶生产一般要求嫩采，春茶后期和夏茶期间，光照充分，降雨也比较均匀，茶树叶片光合作用强，是茶树生长旺盛的时间，应该尽可能多留叶。在名优茶花区，可以在春茶初期按名优茶的标准要求，采收1~2批名优茶原料。以后按春茶留1叶，夏茶留1~2叶，秋茶前期留1叶、后期留1叶的留叶标准进行留叶。具体实施时，尽量将树冠面上的新梢先采，使树冠面的高度得到合理控制；采摘时还可以根据茶树的分枝状况有所区别，如树冠上突出的枝条或下垂过长的分枝，要多采少留，采摘控制在树冠采摘面平齐为度；相反，如果树冠面局部分枝太稀，这些部位应该少采多留或者不采，以促进生产枝数量密度的增加。秋季后期茶树新梢生长休止时，用篱剪将树冠面修剪平整，高度控制在70厘米左右，修剪方法可以参照轻修剪方法进行。

## 二、成年茶园的管理

成年茶园产量的高低和品质的优劣与其茶园的质量有着密切关系。成年茶园的质量高低除了土壤、品种、气候等因素以外，还取决于管理水平的高低。成年茶园管理优劣可以通过四个方面加以判断。首先，在园相方面，管理优良的茶园，茶树不缺株，各株茶树生长茂盛而且整齐一致，分枝密而均匀，树冠的覆盖度大，新梢密度高、嫩度好；其次，在土壤方面，酸度适宜，在pH值4~6之间，土壤有机质尤其是腐殖质含量高，氮、磷、钾营养三要素和其他茶树生长必需的大量元素和微量元素丰富；第三，在抗灾能力方面，表现为没有严重的土壤冲刷，水土保持状况良好；具有较好的灌溉条件，在严重干旱时能合理灌溉，能有效防止严重干旱导致的茶树枯死；茶园生态条件良好，没有严重的病、虫和杂草危害；第四，在茶叶产量和品质方面，符合加工要求的茶树鲜叶原料产量高，而且不同年份之间的产量比较平衡，不因气候条件变化而产生大的波动；茶树鲜叶原料的茶类适制性较强，高级茶比例高。欲达到这些要求，茶园管理是至关重要的环节。

成年茶园的管理主要有耕作、施肥、灌溉、修剪、采摘、防冻、抗旱等。

（一）茶园耕作

1. 茶园耕作

（1）耕作的意义

①增厚活土层，降低土壤容重，使土质由紧实变得疏松。四川省茶区土壤在成土过程中，由于雨量多，淋溶强，在土壤剖面上常有明显的淋溶层、淀积层和母质层之分。淀积层紧实粘硬，有的还有粘盘、结核等，通透性差。母质层常呈母岩状态，尚未发育成熟，土性僵硬，肥力极差。这种土壤不深翻改良，就不能使茶树生长良好，而深翻则有明显的效果。从表7第1区组材料可以明显看出，未耕翻到的地方，土壤容重较高，孔隙率低；耕到期土层，则容重下降，孔隙率增大；第2区组材料也说明凡是深耕过的，在第4年测定时，25～50厘米土层的容重减少017～1.23克/立方厘米，孔隙率增大7.23%；50～80厘米土层的容重减少0.2克/立方厘米，孔隙率增加6.80%。由此可见深耕对疏松土质、增厚土层的效果。

表7　深耕的效应（一）

| 区组 | 项目 | 土层深（厘米） | 土壤容重（克/立方厘米） | 孔隙率（%） |
|---|---|---|---|---|
| 1 | 深壤30厘米，不施肥 | 10~15 | 1.12 | 56.88 |
| | | 25~30 | 1.29 | 50.80 |
| | | 40~45 | 1.32 | 49.57 |
| | 深壤30厘米，施肥 | 10~15 | 1.10 | 56.18 |
| | | 25~30 | 1.13 | 55.38 |
| | | 40~45 | 1.34 | 47.21 |
| | 深壤50厘米，施肥 | 10~15 | 1.12 | 56.30 |
| | | 25~30 | 1.12 | 55.59 |
| | | 40~45 | 1.18 | 54.69 |
| 2 | 深壤25厘米，施肥 | 0~25 | 1.08 | 60.5 |
| | | 25~50 | 1.30 | 52.5 |
| | | 50~80 | 1.32 | 52.05 |
| | 深壤50厘米，施肥 | 0~25 | 1.09 | 64.05 |
| | | 25~50 | 1.07 | 61.01 |
| | | 50~80 | 1.38 | 49.80 |
| | 深壤80厘米，施肥 | 0~25 | 1.05 | 61.97 |
| | | 25~50 | 1.13 | 59.38 |
| | | 50~80 | 1.12 | 58.85 |

②增强土壤通透性，提高蓄水能力。从表8可见随着垦殖深度的增加，茶园土壤的蓄水能力和渗吸速度提高，因而土壤内总蓄水量增加，行间饱和持水量也上升，有利于茶树需水量较大的特性的发挥。

表 8　深耕的效应（二）

| 垦植深度 | 80 厘米 | 50 厘米 | 25 厘米 |
|---|---|---|---|
| 1 小时内渗吸水量（毫米/立方厘米） | 325 | 261 | 121 |
| 小时末渗水速度（毫米/立方厘米） | 5.4 | 4.3 | 3.2 |
| 饱和持水量（%） | 52.02 | 47.17 | 42.71 |

③土壤中微生物量上升，养分转化为可给态（见表 9 和表 10）。

表 9　深耕与土壤微生物的关系　　单位：1 000 个/克

| 项目 | 土层（厘米） | 固氮菌 | 纤维分解菌 | 硝化菌 |
|---|---|---|---|---|
| 耕深 25 厘米 | 0～5 | 576 000 | 376 000 | 8 400 |
| | 5～10 | 558 000 | 134 000 | |
| | 10～15 | 476 000 | 106 000 | |
| 未耕 | 0～5 | 523 000 | 192 000 | 4 000 |
| | 5～10 | 407 000 | 15 000 | |
| | 10～15 | 253 000 | / | |

表 10　深耕与土壤氮、磷、钾的关系

| | 深耕 12 厘米 | 深耕 25 厘米 | 深耕 52 厘米 |
|---|---|---|---|
| 有机质（%） | 2.39 | 2.30 | 2.12 |
| 全氮（%） | 0.080 | 0.086 | 0.081 |
| 水解氮　毫克/千米 | 73.5 | 84.9 | 115.9 |
| 有效五氧化二磷　毫克/千米 | 37.3 | 42.0 | 55.8 |
| 有效氧化钾　毫克/千米 | 60.0 | 72.5 | 78.0 |

深耕可促进土壤中微生物群落的发展，由于微生物量增加，土壤中不可给态的物质逐渐矿解，随着深度的增加，土壤中的有效氮、磷、钾含量上升，可源源不断的供给茶

树生长发育之需。如果在深耕同时采用施肥补给的办法，就可使土壤微生物繁衍更多，大大提高土壤的化学性能，使茶园土壤肥力大为提高。

总之，合理耕作可以使土壤疏松，增厚土层，调节土壤三相比，使容重下降，孔隙率提高，还可促进微生物群落发展，增强其活性，从而使土壤有机物矿解，提高土壤肥力。此外，还有杀灭越冬虫卵和除草的作用。

2. 耕作的类别

(1) 浅耕。浅耕的主要目的是除草。茶园杂草种类很多，夏秋高温季节繁殖很快，与茶树争水争肥，影响茶树生长发育。杂草又是隐藏病虫的场所或中间寄主，锄去杂草，才能减少土壤中养分无效消耗和病虫为害的概率，使茶树生长良好。浅耕还可疏松表土，切断土壤毛细管，减少水分蒸发，有利于保墒抗旱。

成龄茶园的浅耕次数应根据冠覆盖度和杂草生长情况而定。投产不久的茶园，覆盖度小，行间空隙大，杂草容易繁殖生长，要求耕锄次数多一些。以后树冠逐年扩大，行间荫蔽面渐宽，杂草生长受抑制，耕锄次数可少一些。土壤黏重的茶园，表土易于板结，耕锄次数应适当增加。一般而言，成龄茶园每年应耕锄3次以上，第一次在早春2~3月春茶萌发前，与施催芽肥结合进行，耕深6~10厘米，其作用是疏松土壤，清除杂草，还可提高土温，促进春茶萌发。第二次宜在5月上旬进行，结合施夏肥。这时正值春茶采摘结束，行间表土层经采茶人员多次踩踏之后，形成紧实的板结层，阻碍雨水或空气进入土壤，使好气性微生物活动减弱，对茶树生长不利。所以必须进行一次浅耕松土，深度为6～8厘米。第三次浅耕宜在夏茶结束后施秋茶肥时进行。此时气温甚高，雨量较集中，杂草生长很快，土壤水分蒸发量和茶树本身的蒸腾作用都加大，土壤水分不足，所以，这次浅耕主要目的是为了防旱抗旱，保蓄水份；浅耕深度为3～5厘米即可。第四次浅耕在秋茶生长季节。这时气温尚高，杂草繁茂，又临近结籽，所以要增加一次浅耕，铲除杂草于结籽之前，以免传播，同时也可保蓄土壤水分。此次耕锄深度以3～5厘米深为宜。

浅耕应注意几点：第一，夏秋耕锄宜浅不宜深，过深不仅会损伤茶根，而且天旱时容易损失水分，大雨时又会加重表土冲刷；坡地茶园和沙质土茶园，尤其需要注意此点。第二，耕锄范围行间可略深，根系密布地带宜浅。树冠幅度和根系幅度有一种对应生长的关系，所以树冠覆盖范围内根群较多，必须注意。第三，如果草嫩，可将草全部埋入土中，但不能露出茎叶，以免再长。雨水较多的地方，杂草容易滋长，不宜埋入土中，可用来沤肥。第四，梯式茶园梯坎上的杂草，宜用镰刀刈割，不能用锄铲，以免损坏梯壁，引起垮塌。第五，茶园附近的杂草也应铲除，以免隐藏病虫害。

(2) 深耕。深耕的目的在于改良土壤和消灭深根性杂草。深耕可以改良土壤的物理性状，使活土层加厚，茶树根系得以向纵深发展，提高茶树抗旱、抗寒和吸收能力。通过深耕，使土壤上下层翻动，加速底土熟化，同时可将杂草，落叶翻埋入土，增加土壤有机质。深耕还可以消灭越冬虫卵、虫蛹和宿根性杂草，以减少来年的虫害和草害。

深耕时难免切断茶树部分根系，如果深耕不当，切断根系太多，势必影响茶树生长势，减少投产茶园的产量。另一方面，适当切断一些细根，又能促进根系的再生，尤其是较衰老的茶树，根系活力衰退，用深耕的办法还能促进根系更新。为了发挥深耕的优点，减少缺陷，使之既改良土壤，又不过多伤及根群，必须注意深耕的时间和深耕的范围和深度。

深耕时期：已投产的茶园，一般只能在采茶结束后进行，因为在采茶季节，新梢伸育靠根系提供水分和矿质营养，如果在生长期内深耕，难免切断一些根系，而且切断的多数为分布较广的吸收根，这将会减少水、肥的吸收，影响新梢伸育。而在茶季结束后，根系向地上部输送水肥的作用暂时减缓，切断一些根系，影响不大，同时还能用地上部输送的碳水化合物促使根部再生一些新根。据杭州研究，深耕时间不同，根的愈合和新根的再生是不一样的(见表11)。8月上旬深耕的根系愈合最快，12月上旬深耕的根系，虽同样历时2个月却尚未愈合。又据四川茶科所观察，在川东，10月上旬切断的根，至12月上旬开始愈合，12月上旬深耕的，到次年2月开始愈合，这是因为四川冬暖，愈事比浙江快，但深耕迟毕竟不利于冬季养分的积累和根系的再生，所以10月深耕的茶园比12月深耕的茶园吸收根重增加15.2%，输导根重增加5%。

**表11　深耕对根系再生力的影响**

| 深耕时间 | 15天后 | 30天后 | 60天后 |
|---|---|---|---|
| 8月上旬 | 切口开始愈合 | 新根9条 | 新根70条（10月上旬） |
| 10月上旬 | 未愈事 | 新根2条 | 新根9条（12月上旬） |
| 12月上旬 | 未愈合 | 未愈合 | 未愈合（翌年2月1旬） |

根据四川省情况，采割边茶的茶园应提早深耕，一般在8~9月即可进行，以利于采割后新生枝叶制造的养料向根系运送，刺激根的再生。采摘细茶的幼龄茶园，宜于在8~9月进行深耕，因为幼茶树冠小，根系分布不宽，不会过多切断根系，早耕可使冬前新枝生长旺盛。采摘细茶的壮龄茶园，宜在10月上旬进行，当时秋茶已接近尾声，不会影响当年产量，深耕时间略早，可使断根愈合快，第二年新根萌生早，吸收力强。以往实行冬季深耕的习惯应予以纠正。

深耕的范围和深度：幼龄茶园多数是利用荒山坡开辟的，土壤肥力很低，有些茶园的土壤又是生土，理化，性状也很差。所以幼龄茶园行间深耕，主要是加速土壤熟化，并使施入的有机肥、绿肥与土壤充分混合，形成团粒结构。据日本研究，茶园耕与不耕的土壤性状对比如表12。

表12 深耕对土壤性状的影响

| 类别 | 深度（厘米） | 全氮（%） | 全碳（%） | 腐殖质（%） | pH值 | 置换性盐基（毫升） | | |
|---|---|---|---|---|---|---|---|---|
| | | | | | | 钙 | 镁 | 钾 |
| 耕 | 0~24 | 0.17 | 2.01 | 3.47 | 4.4 | 0.88 | 0.41 | 1.02 |
| | 24~57 | 0.14 | 1.65 | 2.87 | 4.2 | 0.98 | 0.86 | 0.90 |
| | 57~82 | 0.13 | 1.73 | 2.98 | 4.2 | 0.96 | 0.80 | 0.60 |
| 不耕 | 0~18 | 0.16 | 0.18 | 3.76 | 4.3 | 1.67 | 0.27 | 0.50 |
| | 18~38 | 0.08 | 0.80 | 1.38 | 4.4 | 0.60 | 0.18 | 0.26 |
| | 38以上 | 0.06 | 0.42 | 0.72 | 4.9 | 0.63 | 0.31 | 0.23 |

茶树长到六七年投产后，即进入成年茶园阶段。成年茶园根系分布更宽更密，深耕必然会切断根系，影响产量，

而影响大小又为断根数量和恢复的快慢所左右。根据茶树根系生长的分布规律，产量高的茶园，根系延伸较远，深耕时伤根较多；多条种植的茶园，行间根群密布，深耕伤根更多；深耕越接近植株根颈部的，伤断根越多；深耕深度越深，伤断根也越多。据福建茶科所研究，若年年深耕，深度较深的还会导致减产（表13）。

表13 深耕与产量的关系

| 深耕 | 年平均产量（千克/量） | % |
|---|---|---|
| 年年耕15厘米 | 570 | 103.5 |
| 年年耕30厘米 | 562.5 | 102.1 |
| 年年耕50厘米 | 548 | 99.5 |
| 不深耕 | 551 | 100.0 |

依照四川茶树种植情况，如果种植较密，茶树生长势旺，土壤深层结构较好，并不需要每年深耕，甚至可隔3～5年深耕一次，深度在30厘米左右即可。如果茶树尚未封行，土壤结构较好的，可隔年深耕一次，20厘米深度即可；以后间隔1～2年耕一次。如果是衰老茶园，则可年年深耕，以激发其根系更新。

为加速改良土壤，应在深耕同时施用有机肥料和磷肥，促使根系迅速恢复和发展，才能充分发挥深耕的作用。

深耕时要把地面杂草、落叶、蒿秆等翻埋入土，以增加有机质；并把深根性杂草如茅草、莠竹、蕨类等拣出园外，以免第二年再发芽。茶丛里的杂草也要清除干净。梯式茶园深耕时靠近外侧梯坎处宜浅，以免损坏梯坎。同时还应结合茶园具体部局进行深耕，清理茶园排水蓄水系统和茶园道路，把水沟、沉沙内的淤泥挑回茶园，加厚土层。

（3）深翻改土。深翻改土是比深耕更进一步的改良土壤措施，是培养高产茶园的基础工作。一般在茶园种植前进行，将土地深翻80厘米以上。也有在种植一年时进行的，在离茶苗20厘米的行间深翻80厘米以上，目的是完全翻出深层土壤并施入大量有机肥、饼肥和磷肥，使茶园活土层增加到50厘米以上，为茶根的广布深扎打下基础。这种耕作工程量大，有条件的可以采用，以培养产茶园。深翻时应深度均匀，土面不要凹凸不平。

（二）茶园除草

茶园杂草对茶树生长发育会产生严重影响，如果杂草高度超过了茶树，或是攀附缠绕于茶树上，还会遮蔽阳光，削弱茶树的光合作用，并阻碍茶树枝体向空间发展。

据不完全统计，四川茶园杂草种类约有一百多种，其中尤以一些宿根性杂草占优势，如禾本科的马唐（Panicum sanguinale）、狗牙根（Cynodon dactylon），禾本科的狗尾草（Selariavisidis）、白茅（Imperate arundinacea），旋花科的菟丝子（Cuocuta jiponica），蕨类的大蕨箕（Pteris）、莠竹（Pollinic imberbis），莎草科的香附子（Cyperus rotun-dus）等；其他还有爬地草、浆草、地黄瓜、半夏、艾草、鱼鳅串等多种杂草。

杂草对周围环境具有顽强的适应能力，常常锄而不尽，有些恶性杂草，繁殖很快，常因锄不及时而造成茶园荒芜。

杂草的分布有一定的区域性，因各地地理条件不同而杂草的优势种群有所变化，在一年中也有季节导致的变化。新建茶园，则因开垦前的杂草遗留下来发展成为优势草类。开始对肥力要求不高的狗牙根、蓼草等常为新建茶园的优势草类，以后茶园土壤肥力提高，喜肥性杂草如马唐、狗尾草等常大量发生。

杂草虽然生长力顽强，但也有其弱点，如：杂草种子小，入土深就不能发芽；多数杂草喜光而不耐荫；杂草幼苗阶段株小根弱，容易防除；花期比较集中；地域性强等。因此，可以利用杂草的这些弱点，采取有效措施，从栽培措施上防除杂草。

①深耕时注意把杂草种子深埋入土，使其不能发芽，同时要把宿根性杂草的残根清除干净。

②杂草初发生时，结合浅耕及时铲除。

③使用腐熟堆肥。堆肥腐熟过程中可以发热，杀灭草籽；腐熟堆肥还可释放有机酸，不利于草籽发芽。

④茶行间种绿肥或铺草，杂草得不到充足阳光就不能生存。

⑤增加茶园种植密度，使树冠尽快覆盖茶行。

⑥梯式茶园梯坎上的杂草，要经常刈割，使杂草不能结籽繁衍。

茶园行间土壤耕锄管理，是一项经常性的工作，从幼苗出土开始，直到茶树衰老死亡，年年都要做好这项工作。种植前的深耕能够打造疏松深厚的土层，为茶树的良好发育和今后丰产奠定基础。种植后的耕耘有利于加速土壤熟化，协调水、肥、气、热状况，并除去杂草，促进茶树的生长发育。

耕作、除草是成年茶园土壤管理中经常性的田间作业。耕作有浅耕、中耕和深耕之分。中耕应用比较多。浅耕主要是结合除草进行；中耕的目的是使土壤疏松，增加土壤对水分和养分的积蓄能力，并改善土壤结构；深耕除了疏松土壤，还能营养的消耗，使养分集中供应茶树生长发育，提高施肥效果；施肥的主要目的是及时补充茶树生长发育所需的营养成分，促进新梢生长和增加新梢的持嫩度，提高产量和品质。耕作、除草和施肥三者在目的上虽然有所区别，但实施时往往是同时进行的。

耕作、除草、施肥的次数和时间，因不同地区和茶园状况有所区别。树冠覆盖度高、杂草数量少，耕锄次数可以少一些；坡地茶园由于容易引起土壤冲刷，如果土壤结构比较疏松，耕锄次数不宜太频繁；杂草生长密度大，土壤板结程度高的平地茶园，耕锄次数要求多一些。大多数茶园，由于每年施肥实行“3 追 1 基”的施肥制度，即追肥 3 次，施基肥 1 次，可以结合施肥全年进行 4 次耕锄。

（1）早春耕锄。由于杂草生长旺盛的季节多数在春季，早春中耕除草并与施肥结合，其目的是在杂草萌发之前将杂草的草根削除，避免春季来临杂草与茶树竞争土壤养分。这种作业，在抑制杂草生长的同时，也可以减少病虫害滋生；通过耕锄和施肥，使土壤疏松，有利于土壤积蓄水分、养分和热量，对于改善土壤结构和提高土壤温度、促进茶树新梢萌发和快速生长都有积极作用。

早春耕锄和施肥的时间，根据各地气候回升情况和茶树萌发期决定。春季发芽早的品种和气候温暖的地区，耕锄施肥的时间宜早些，这样有利于提早春茶萌发，而且能使茶树发芽整齐，提早春茶开采时间，对于生产名优茶的绿色食品茶基地提高经济效益十分有效；这些地区如果耕锄时间过迟，茶树根系受损后不容易恢复，对春茶生产不利。而冬季气候寒冷、春季气温回升慢的地区，耕锄施肥时间不宜太早，否则茶树萌发后遇到寒潮，新梢容易受冻造成不必要的减产。各地经验表明，根据当地春茶开采时间决定早春耕锄施肥时间，即第一批春茶开采前 20 ~ 30 天进行，效果较好。我国多数茶区的早春耕锄和施肥时间在 2 月中下旬至 3 月上旬进行。

早春耕锄的深度，由于上一年秋冬季施基肥时已经进行全面的深耕，所以本次耕锄主要是进一步清除杂草草根，并配合早春施催芽肥，深度不需要过深，以 5 ~ 7 厘米为宜，同时开施肥沟，结合施肥。

（2）初夏耕锄。茶树经过春季的生长和鲜叶的生产，被采收大量鲜叶的同时，带走了相当一部分茶树从土壤吸收的营养成分；而且，经过春季的采摘作业，茶园土壤也被踏实而形成板结；夏季也是杂草生长的主要季节。所以，初夏要结合追肥进行合理的耕锄，这样既有利于改善土壤结构，增加土壤在雨季中吸收和保持水分的能力，又能及时补充茶树生长发育需要的营养，是改良土壤、抗旱保湿、增加养分的有效措施。

初夏耕锄的时间应该在春茶生产结束、夏茶萌发前的 5 月中下旬至 6 月上旬前后进行；耕锄的深度以 7 ~ 10 厘米左右为宜。

（3）伏天耕锄。传统观念认为，伏天耕锄有多种作用。第一，能有效根除恶性杂草。因为秋天是这些杂草开花结籽的季节，在秋季来临前的伏天进行耕锄，可以抑制杂草开花结籽，减少翌年杂草数量；而且，伏天阳光充足，耕锄时将杂草埋入土中，让其干枯腐烂，能增加土壤有机质含量，一举两得；第二，伏天气温高，经过耕锄，有利于茶垦茶园土壤风化，加速土壤熟化过程。所以，有“七挖金，八挖银”之说。但是，在管理水平高的现代化绿色食品茶园中，有机肥用量充足，土壤一般较为疏松，而且很多茶园还实行铺草覆盖等措施，伏天耕锄（尤其是深耕 20~30 厘米的作业）对茶树根系损失较明显，对茶树抵抗干旱有不良影响。所以，这些优质茶园一般不提倡伏耕。只需在夏茶结束的 7 月上旬前后追施秋肥时进行适当除草即可。

（4）秋冬深耕。秋冬深耕是在晚秋初冬茶树封园以后的10 月底至11 月中旬之间进行，其作用主要是深翻土壤并结合施基肥，改善土壤理化性状。深耕的深度一般掌握在20~30 厘米，视茶园土壤不同而略有差异。即茶园树龄较长、土壤黏重板结时，耕作要深一些，约30 厘米；土壤比较疏松的茶园，耕作深度20 厘米即可。

但是，由于秋冬深耕翻锄深度大，对茶树根系的损伤也相对比较严重，如果掌握不好，会影响翌年茶树的生长和产量。所以，秋冬深耕应该掌握以下几条原则：第一，时间要在茶树地上部生长休止、茶树封园后立即进行，不宜太迟，否则对茶树根系恢复不利；第二，翻耕的深度因位置不同应该有所差异，即远离茶树根茎的茶行间可以深一些，茶树根茎附近，由于根系分布密集，翻锄的深度要浅一些，这样既可以达到深耕的目的，又尽可能减少茶树根系的损伤；第三，耕锄深度依土壤状况不同而不同，如果土壤严重板结，耕锄要深一些，反之要浅一些；第四，秋冬深耕必须与施基肥相结合。

（三）茶园施肥

茶树一生除光合作用所需氢、氧、碳来自水分和空气，其他生理代谢中所需矿元素都取自土壤。特别是投产茶园，由于不断摘取幼嫩芽叶，带走了大量矿质元素，新梢的萌发生长又需吸收土壤中的矿质元素，于是土壤中的矿质元素越来越少，不能适应茶树生长发育的需要。所以必须经常施肥，补充土壤中不足的矿质元素，才能使茶树在整个生命周期内旺盛生长。

同时，茶树所需各种矿质元素只有在水溶状态下，根系才能吸收；而且茶树的蒸腾作用也需要大量水分，所以给茶园土壤补充足够的水分也是十分重要的栽培措施。

1. 主要矿质营养对茶树的生理作用

茶树体内的矿质营养元素种类很多，其基本功能各异，已发现茶树中含有矿质元素 30 多种，能测出其量值的有 20 多种（见表 14）。另外，还有极微量（或痕迹量）的元素如碘、锡、铅、铍、钛、钡、钴、铬、铋等。

表 14　矿质元素的含量

| 名称 | 占干重% | 名称 | 占干重% | 名称 | 占干重毫克/千克 |
|---|---|---|---|---|---|
| 氧 | 43 | 硫 | 0.1 + 0.2 | 锌 | 28 – 45 毫克/千克 |
| 碳 | 42 | 铁 | 0.06 ~ 0.20 | 铜 | 1 – 16 毫克/千克 |
| 氢 | 6 | 钠 | 0.04 ~ 0.12 | 镍 | 3 ~ 5 毫克/千克 |
| 氮 | 5 | 硫 | 0.05 ~ 0.09 | 硼 | 1 毫克/千克 |
| 磷 | 0.3 ~ 0.4 | 硅 | 0.04 ~ 0.11 | 钼 | 0.1 毫克/千克 |
| 钾 | 1.1 ~ 2.3 | 锰 | 0.04 ~ 0.13 | | |
| 钙 | 0.3 ~ 0.4 | 氟 | 0.02 ~ 0.17 | | |
| 镁 | 0.2 ~ 0.3 | 铝 | 0.01 ~ 1.60 | | |

氮、磷、钾、钠、镍、钼等元素，随叶片老化，含量逐渐减少。这些元素，一般是可以再利用的，随着茶芽萌动，新梢伸育，老叶中含量较多的锕、钙、氟、锰等元素，一般是固定于老叶中不能再利用。

茶树对碳、氢、氧、氮、磷、钾、钙、镁九种元素消耗最多，其中碳、氢、氧从水和空气中得到，其余的都需从土壤中吸取。由于消耗量大，这些元素称为大量元素；对锰、铜、锌、钼、硼等元素也不能缺少，但耗量较少，称为微量或痕量元素，也从土壤中吸入。现将主要元素对茶树生长的作用分述如下：

（1）氮（N）。氮是三要素中对茶树生长发育影响最大的元素，大多存在于幼嫩芽叶中，氮元素充足，营养生长旺盛。氮是茶树体内组成蛋白质的氨基酸、酶、叶绿体、咖啡碱、核酸、维生素的成分，缺少氮素，这些物质就能合成。如果氮素充足，就能加速细胞分裂和生长速度，促进新梢伸育，增加分枝，着叶数多，节间长，而且相应地抑制生殖生长。如果氮素缺乏，则茶树新梢发育慢，伸展迟，芽少叶小，光合作用减弱，有机物积累少，生长差（见表15）。每公顷使用尿素6.25mM时，新梢中可溶性蛋白质可达4.49毫克/克干物，蛋白氮达870毫克/克干物；使用量不同，植株各部位干物重也有差异。但是，氮素使用量并非越多越好，达到一定用量以上，肥效指标反而参差不齐。

表 15 氮素对茶树生长的影响

| 使用氮量（mM/公顷） | 叶面积（立方厘米） | 叶干重（克） | 茎干重（克） | 根干重（克） | 合计干重（克） |
|---|---|---|---|---|---|
| 1.25 | 2 509 | 19.4 | 22.8 | 24.5 | 66.7 |
| 2.50 | 4 422 | 38.8 | 47.8 | 43.0 | 129.6 |
| 3.75 | 4 963 | 43.8 | 50.5 | 40.5 | 134.8 |
| 5.00 | 5 834 | 54.1 | 62.6 | 46.0 | 162.7 |
| 6.25 | 5 661 | 55.8 | 61.5 | 47.3 | 164.6 |

茶树叶片含氮量一般为4.5%，其中老叶为3.5%。当茶树新梢和老叶含氮量低于此水平时，可视为茶树缺氮的指标线，需要增施氮素营养。

(2) 磷（P）。磷元素是构成茶树细胞内核酸、核蛋白、磷脂和原生质的组成成分。核酸、核蛋白是含氮化合物，磷脂则为原生质膜的构成元素，核苷酸中的磷酸是三要素之一，所以磷素对茶树的生长发育和新陈代谢具有重要作用。由于细胞分裂包括核内染色体的分裂和核的一分为二，所以在细胞分裂旺盛的幼年茶树的新梢和生殖细胞中，含磷素较多。同时，磷还能促进叶片制造的有机化合物向根系和生殖器官转移，所以磷素充足时，幼树生长快，根系发育好。磷在茶树体内的含量，嫩梢中为0.5%~1.0%，老叶中为0.4%，低于此数，即为缺磷象征。缺磷时，老叶呈暗褐色，失去光泽，萎黄脱落，根带黑褐色，植株生长差。施用磷肥后，茶树各器官均有明显增长（见表16）。但也并非施磷越多施越好，据试验，每公顷施用40 公斤为最好，多施的有些指标反而下降。

表16　施用磷肥对茶树各器官的影响

| 器官 | 不施 | 施用20千克/时 | 施用40千克/时 | 施用80千克/时 |
|---|---|---|---|---|
| 叶片 | 5.32 | 5.73 | 7.13 | 7.08 |
| 茎 | 4.22 | 4.55 | 5.41 | 5.37 |
| 根 | 4.63 | 4.81 | 6.02 | 6.03 |

（3）钾（K）。钾素并不参与茶树体内有机物的合成，而以溶解的钾盐（无机盐）形式或钾离子形态存在于茶树体内；特别在幼嫩细胞内含量丰富。钾能加强茶树光合作用，主要原因可能是由于气孔的开张度，受保卫细胞的膨压变化和细胞膜上的钾离子泵和钾盐所调节，从而控制二氧化碳进入气孔的量而影响光合作用。钾还能促进茶树体内物质的运输和酶活力的增强，有利于蛋白质的合成。生长点、根尖、形成层等生命力旺盛的部位含钾较多，说明钾对茶树生长的积极作用。据国外研究，缺钾不仅影响茶树生长，还会影响茶叶品质。表17说明，施用NPK区比无K区品质审评得分高。钾还能促进维管束机械组织和植株厚角组织的发育，所以钾素充足时，茶树的抗逆性较强，修剪、采摘后的伤口愈合较快。钾在茶树叶片内的含量为0.8%～1.7%，在根部为0.6%～1.7%，在枝干内为0.3%～0.5%。缺钾则新梢生长不良，叶片从边缘开始逐渐变为黄白色，严重缺钾时，则叶片弯曲，以致枯死。

表17　施钾肥对茶叶品质的影响

| | 1.5亩施肥千克数 | | | 品质审评得分（分） | | | | | |
|---|---|---|---|---|---|---|---|---|---|
| | 氮 | 磷酸 | 钾 | 形 | 色 | 香 | 汤 | 味 | 合计 |
| 完全区 | 18.75 | 9.37 | 9.37 | 18.5 | 18.8 | 18.1 | 18.1 | 18.1 | 91.6 |
| 无钾区 | 18.75 | 9.37 | | 16.0 | 16.8 | 16.8 | 17.0 | 15.5 | 82.1 |
| 无肥区 | | | | 17.0 | 16.6 | 16.8 | 16.4 | 15.4 | 82.2 |

（4）钙（Ca）。钙在茶树体内可以调节细胞液和输送液的酸度，使养分的输送和转化正常进行。钙还可以中和植株体内的有机酸，如代谢产物草酸常与钙结合晶沉积于成叶中。钙与细胞膜的果胶酸结合成为果胶酸钙，呈难溶性，可调节细胞膜的渗透性。随叶片成熟，钙量渐增，据测定，5 月 15 日新叶中含钙量为 0.44%，7 月 15 日升为 0.89%。9 月 15 日升为 0.94%，11 月 15 日升为 1.19%，老叶中则上升为 1.22%。由于茶园适宜的土壤为酸性土，一般不会吸收钙量过多。若土壤中含钙量较多，则会影响钾离子吸收，对茶树生长不利。

（5）镁（Mg）。镁是叶绿素和酶的结构元素。茶叶中的叶绿素是由 4 个吡咯核、3 个 CH 和 1 个戊酮环并结而成的复合镁盐。叶绿素是光合作用的主要色素，而镁元素则是中心元素，所以镁元素直接关系着光合作用。另外，镁元素和磷酸盐代谢也有关系，如果土壤中缺镁，茶树出现缺绿病，需施用硫酸镁等镁盐补给之。

（6）硫（S）。硫是组成蛋白质的一些氨基酸的结构元素，如胱氨酸、半胱氨酸、蛋氨酸中都含有硫元素。土壤中缺硫会影响茶树的氮代谢，导致茶树生长发育不良。氮氨酸的二硫键裂解后产生的二甲基硫是绿茶香气的重要成分。

（7）铁（Fe）。铁是叶绿素生长和行使光合功能的重要条件，也是茶树体内多种酶的成分元素，如细胞色素氧化酶、过氧化氢酶、过氧化物酶等。

（8）锰（Mn）。锰是一些酶的活化剂，能促进呼吸作用和物质转化，也是生成叶绿素不可缺少的一种元素。在土壤中如施用锰肥，在一定范围内，茶树的吸收量可以随施用量的上升而上升，但不能过量。

(9) 硼 (B)。其生理作用是促进细胞分裂、糖转化和细胞膜果胶的形成。茶叶中含硼量甚微，但缺硼则叶尖变红、弯曲，严重时叶片脱落；可以为叶面喷施低浓度硼酸进行补给。

(10) 铜 (Cu)。铜是酶系中多酚氧化酶的结构元素，缺铜常会抑制铜酶形成，使茶叶酸酵困难。铜还有利于碳水化合物和蛋白质的合成，从而增加产量。据研究，用0.5‰的铜液喷施茶树，可增产8.9%。

(11) 铝 (Al)。铝能加强茶树根系的生长和吸收，还可和磷组成磷铝络合物，有助于茶树对磷的吸收。吸入后磷被利用，铝以铝盐的形成沉积，所以老叶中铝含量较高。

(12) 锌 (Zn)。锌能促进酶的活化，有助于氮代谢，如缺锌则蛋白质合成受阻。所以茶园缺锌时常用硫酸锌喷射补给之。

(13) 钼 (Mo)。钼是硝酸还原酶的组成元素，与蛋白质合成关系较大。施用钼可促进茶树生长发育，增加产量。据研究，如连续三年施用0.3‰的钼液，可使茶叶增产27.97%。

2. 茶树对主要营养元素的吸收、利用和分配

(1) 在施肥和不施肥情况下，茶树对氮磷钾的吸收见表18。

表 18　茶树对氮、磷、钾的吸收表

| 项　目 | | 施　肥　区 | | | | | |
|---|---|---|---|---|---|---|---|
| | | 5 月 | 6 月 | 7 月 | 8 月 | 9 月 | 合计 |
| 每亩吸收量（斤） | 氮 | 8.119 | 3.889 | 1.320 | 2.093 | 1.326 | 16.757 |
| | 五氧化二磷 | 1.865 | 0.649 | 0.270 | 0.430 | 0.282 | 3.496 |
| | 氧化钾 | 4.240 | 2.229 | 0.606 | 1.375 | 0.910 | 9.520 |
| 每百斤芽叶干物质吸收量（斤） | 氮 | 4.366 | 3.769 | 3.212 | 3.119 | 3.023 | |
| | 五氧化二磷 | 1.003 | 0.628 | 0.657 | 0.641 | 0.643 | |
| | 氧化钾 | 2.280 | 2.155 | 1.961 | 1.989 | 2.075 | |
| 每亩吸收量（斤） | 氮 | 0.840 | 0.113 | 0.175 | 0.115 | 0.062 | 1.305 |
| | 五氧化二磷 | 0.224 | 0.021 | 0.033 | 0.022 | 0.012 | 0.312 |
| | 氧化钾 | 0.579 | 0.082 | 0.123 | 0.081 | 0.048 | 0.913 |
| 每百斤芽叶干物质吸收量（斤） | 氮 | 3.386 | 2.886 | 2.701 | 2.791 | 2.605 | |
| | 五氧化二磷 | 0.884 | 0.536 | 0.509 | 0.534 | 0.504 | |
| | 氧化钾 | 2.286 | 2.092 | 1.898 | 1.966 | 2.017 | |

由表 18 可见，不施肥的茶园只能靠土壤中自然贮存的矿质元素供应茶树生长发育，所能吸收的氮、磷、钾均少得多。以施肥区与不施肥区相比，茶树吸收的氮增加 11.79 倍，磷酸增加 10.29 倍，氧化钾增加 9.46 倍，这必然会反映于产量、质量的悬殊，即吸收量多的，单位面积产量较高，鲜叶质量也较高。表中两者吸收钾量相似主要是由于试验地土壤本身富含钾素。从表 18 可以看出使用完全肥料的茶叶品质较好，如缺乏其中某一种元素，都会影响品质。

表19　氮、磷、钾配合施用对茶苗生长和茶叶品质的影响

| 品质＼种类 | 不施肥 | 氮 | 磷 | 钾 | 氮磷 | 氮钾 | 磷钾 | 氮磷钾 |
|---|---|---|---|---|---|---|---|---|
| 苗高（厘米） | 29.6 | 41.1 | 31.0 | 31.0 | 43.0 | 44.2 | 30.2 | 44.1 |
| 茶多酚干物% | 25.21 | 24.21 | / | / | 25.51 | 25.59 | / | 26.35 |
| 水浸出物干物% | 46.79 | 45.91 | / | / | 46.60 | 47.40 | / | 46.82 |

另外，从表19还可看出，施肥茶园的吸氮量和吸磷量，5、6两月均较多；而不施肥茶园5月份的吸氮量和吸磷量较多，以后由于可溶性氮和可给态磷匮乏，故吸收甚少。说明持续供肥，才能使茶树吸收平衡。

全年施用氮、磷、钾数量和茶树能吸收量，在一般情况下，氮为40%～50%，五氧化二磷为20%，氧化钾为60%。

（2）环境条件对氮磷钾的吸收。茶树吸肥量与气候有密切关系。当温度上升到10℃时，茶芽萌动，茶树根系即开始吸收矿质元素，上升到15℃时，吸收作用明显加强，越冬叶转绿；上升到20℃时，吸收旺盛。在茶树采摘期中，随温度上升而吸收加快，新梢展叶速度也加快，但温度超过25℃或由秋到冬降温时，则吸收明显减弱。这种反应一方面是由于受根系活力和酶的活性所左右，即温度高，根的呼吸作用强，酶促反应亦快；所以吸收机能亦强。另一方面，是因温度上升，二级代谢和细胞分裂加快，新梢伸育也快，所需矿质元素量也增多。

但是茶树吸肥高峰期在各个茶区并不一样，如我国南方茶区，茶树吸收氮磷钾量以第一轮新梢（3、4月间）最多，以后各轮新梢的吸收量依次递减。由于全年生长期长，

吸收总量较大。北方茶区则以8月份吸收最多。在四川，川东北总的吸收量较多，第一轮吸收时间比川西早半月至1月，但无论川东川西，均以第一轮吸收量为最高。

当气温比较稳定时，雨量多少常与氮磷钾吸收量成正相关，如旬降雨量在50毫米以上时，则肥料吸收正常。据中国茶科所观测，6月上旬降雨量为130.5毫米，7月1日所采鲜叶吸氮0.046千克，磷0.009千克，钾0.038千克，比6月上旬雨量缺乏时分别增加24%、21%、16%。又如7月下旬降雨量为59.4毫米，8月14日所采鲜叶吸氮0.021千克，磷0.004千克，钾0.014千克，比7月上旬雨量不足时分别增加65%、100%、65%。当年雨量呈4次起伏，产量也呈3次起伏，其趋势是水分充足时，下一旬吸收量大增，产量也增加。这是因为：①水分充足时，酶活性趋向于合成，不足时，酶活性趋向于分解；②水分是光合作用重要原料，水分充足则代谢旺盛，吸收矿质元素较多，进而影响茶树二级代谢速率；③所有元素均由水溶解才能被吸收和运输，缺水则吸收不良。

（3）新梢不同叶位和不同季节的氮磷钾含量。据分析，1芽3叶各部位氮、磷的绝对含量，以第2、3叶最高，第1叶、茎、芽依次降低，这是由于各部位干物质重量有差异所致。但就各部位的氮、磷所占百分率而言，均以芽为第一位，其余依次为1叶、2叶、3叶、茎，这主要是因为新梢伸育的顶端优势造成氮磷吸收后送到生命力最旺盛的生长点（芽），然后再分配到其他部位之故。至于钾的含量则呈相反趋势。

各茶季氮磷钾含量以春茶为多，因为春茶雨水充足，茶树经一冬休养生息，生长势转旺，所以春茶吸收较多。夏季雨水调匀，气温较高，吸收仍旺，氮磷钾含量次于春季。秋季常出现伏旱，茶树长势下降，吸收较少。所以春茶的营养条件最优，夏茶次之，秋茶又次之。

在不同施肥条件或不施肥情况下，茶树新梢分配氮磷钾的次序基本相似，只是施肥水平高的，氮磷钾绝对含量也较高。

（4）年度内氮磷钾的吸收高峰和营养器官的分配比例。氮在4~11月均能吸收，但4~9月份用于地上部生长，9~11月份用于根的生长，磷在4~6月和9月为吸收高峰，但4~9月用于叶片，9月用于茎部，10~11月则用于根部；钾在4~11月都能吸收，4~8月使用于叶片，9月于茎，10月用于根。新梢各部位氮磷钾的分配比例见表20。

**表20　新梢各部位氮、磷、钾的分配比例**

| 部位 | 氮 | 磷 | 钾 |
|---|---|---|---|
| 叶 | 1 | 0.187 | 0.675 |
| 茎 | 1 | 0.362 | 0.824 |
| 根 | 1 | 0.401 | 1.519 |

（5）土壤条件对氮磷钾吸收影响。由于茶树根系从土壤中以离子交换方式吸取矿质营养，所以土壤条件，特别是酸度、厚度和氧气含量，对矿质元素的吸收，影响很大。

①土壤酸度：茶树适宜的土壤酸度为pH值为5左右，而在此酸度范围内正是土壤中代换性钙下降和代换性酸上升的交会点，所以土壤中的养分呈速效反应，适宜于根系的离子交换吸收。从表21可知当pH值在4.0~4.5时，土

壤中 $NH_4-N$ 含量高，磷酸和氧化钾也很丰富，这种可给态的氮、磷、钾含量高，所以被茶树吸收的也多。

表 21　土壤酸度与氮、磷、钾吸收 单位：毫克/升

| 土层深（厘米） | pH 值 | 氨氮 | 硝态氮 | 五氧化二磷 | 氧化钾 |
|---|---|---|---|---|---|
| 表土 | 7.0 | / | 2.5 | 5.0 | 12.5 |
| 0～18 | 7.5 | 7.2 | 12.0 | 16.8 | 24.0 |
| 19～39 | 7.5 | 2.5 | 1.5 | 30.4 | 38.0 |
| 表土 | 4.0 | 10.6 | 2.7 | 26.6 | 26.6 |
| 0～18 | 4.5 | 19.4 | 2.4 | 12.1 | 48.4 |
| 19～39 | 4.0 | 20.6 | 0.8 | 33.3 | 20.5 |

②土壤活土层：土层深厚，茶树根系才能深扎。而且活土层加深，土壤中的可给态矿质元素较丰富，被茶树吸收利用的也较多。从表 22 可知，当土壤深度加厚时，氮素供应率上升，土中的可给态水解氮、磷酸、氧化钾含量均高于土层浅的，所以土壤条件改善，茶树吸收氮、磷、钾的总量必然增加。

表 22　土壤深度与氮磷钾吸收

| 土层深度 | pH 值 | 有机质% | 氮素供应率% | 每毫克/100 克土中水解 | | |
|---|---|---|---|---|---|---|
| | | | | 氮 | 磷 | 钾 |
| 27 厘米 | 5.25 | 2.999 | 10.08 | 8.69 | 4.20 | 7.25 |
| 53 厘米 | 5.15 | 2.118 | 14.38 | 11.59 | 5.58 | 7.80 |

③土壤中的氧气含量：土壤中氧气的含量并不直接影响氮磷钾的吸收，而是根系呼吸在影响。因为根系的呼吸作用是根系活力的表现，也是离子交换的能量来源。氧气充足时，呼吸旺盛，吸收加强；不足时，呼吸减弱，吸收也减少。而且氧气不足时，二氧化碳含量不升，土壤氧化

还原电位下降，氧化亚铁、硫化氢等积聚增多，吸收受阻，生育不良。据实验，土壤含氧量不能低于10%，二氧化碳含量不能高于1%，否则将影响根系生育和吸收。

3. 茶园肥料种类

（1）有机肥和无机肥

①有机肥料的种类及性质。施于土壤的肥料分有机肥和无机肥两类。有机肥养分为有机化合物，其可以改良土壤结构，提高保水保肥能力。常用的有机肥料有饼肥、厩肥、堆肥、青草沤肥、绿肥、蒿秆、人类尿等（见表23）。

表23　有机肥料种类和氮磷钾含量

| 种类 | 肥料名称 | 含氮% | 含磷% | 含钾% |
|---|---|---|---|---|
| 粪尿类 | 人类尿 | 0.57 | 0.13 | 0.27 |
| | 猪粪 | 0.50 | 0.40 | 0.50 |
| | 牛粪 | 0.30 | 0.17 | 0.10 |
| | 羊粪 | 0.75 | 0.60 | 0.30 |
| 饼肥类 | 大豆饼 | 7.00 | 1.32 | 2.13 |
| | 花生饼 | 6.32 | 1.17 | 1.34 |
| | 菜籽饼 | 4.60 | 2.46 | 1.40 |
| | 茶籽饼 | 1.10 | 0.37 | 1.23 |
| | 桐籽饼 | 3.60 | 1.30 | 1.30 |
| | 棉籽饼 | 3.41 | 1.63 | 0.97 |
| 蒿秆类 | 干稻草 | 0.51 | 0.12 | 2.70 |
| | 小麦干秆 | 0.50 | 0.20 | 0.60 |
| | 甘薯藤秆 | 1.68 | 0.51 | 1.20 |
| | 马铃薯茎秆 | 0.40 | 0.12 | 0.42 |

（续表）

| 种类 | 肥料名称 | 含氮% | 含磷% | 含钾% |
|---|---|---|---|---|
| 灰肥类 | 稻草灰 | 0.08 | 0.45 | 5.86 |
| | 谷壳灰 | 0.84 | 0.16 | 1.82 |
| | 火土灰 | 0.14 | 0.21 | 1.07 |
| 土杂肥 | 塘泥 | 0.33 | 0.39 | 0.34 |
| | 沟泥 | 0.60 | 0.40 | 0.10 |
| | 堆肥 | 0.52 | 0.58 | 0.89 |

有些有机肥料如人粪尿、油饼等，容易分解，肥效较快，属于较速效性肥料。有的有机肥料如厩肥、绿肥、堆肥等，分解较慢，肥效较迟，属迟效性肥料；但分解后能在土壤中残留较多有机质，养分慢慢释放，肥效持久。有机肥料肥源丰富，成本低，是茶园施肥中的主要肥种。

②无机肥料的种类及性质。无机肥料多数是化学合成肥料或由自然矿特质提炼而成的肥料，依其主要成分含量可分为氮肥、磷肥、钾肥三种。常用无机肥料的种类、性质、含量和使用时的注意事项见表24。

**表24　无机肥料种类和性质**

| 肥种 | 名称 | 含量（%） | 性质 | 注意事项 |
|---|---|---|---|---|
| 氮肥 | 硫酸铵 | 氮20 | 细粒白色结晶 | 速效性生理酸性肥料，分解时吸热不多，宜于低温季节使用，不能与碱性肥混用 |

续表

| 肥种 | 名称 | 含量% | 性质 | 注意事项 |
| --- | --- | --- | --- | --- |
| 氮肥 | 尿素 | 氮 46 | 白色颗粒 | 速效性生理中性肥料，分解时吸热多，宜于高温季节使用。由于含氮量较高，一次用量不宜过多。不能与石灰氮等碱性肥混用 |
| 氮肥 | 硝酸铵 | 氮 35 | 白色颗粒 | 速效性酸性硝态氮肥，易流失。不能与碱性肥混合使用。过度压挤易燃，宜轻放，妥善运输 |
| 氮肥 | 硝酸钠 | 氮 15～16 | 黄灰白色，吸湿性强 | 速效性肥，易流失，宜分次使用 |
| 氮肥 | 氰铵化钙 | 氮 18～20 | 暗色粉末状易潮 | 分解时产生氨及碳酸钙，碱性。又名石灰氮。可与厩肥、堆肥混事作茶园基肥。由于含钙量高，茶园不宜过多施用。 |
| 氮肥 | 碳酸氢铵 | 氮 17 | 白色或浅灰色结晶，易挥发 | 速效性生理中性肥料，用作追肥。分解时土壤中不留残余物质，不改变土壤 pH 值，但离子氨极易变为氨气挥发，宜及时使用，盖土，妥善保管 |
| 氮肥 | 氨水 | 氮 12 | 液体水肥，氨极易挥发 | 可作追肥，亦可作基肥，但氨水极易分解，易挥发，运输时容器必须密封，贮存池亦封盖，施用时深放盖土 |

续表

| 肥种 | 名称 | 含量% | 性质 | 注意事项 |
|---|---|---|---|---|
| 磷肥 | 过磷酸钙 | 五氧化二磷 16~21 | 灰黑色粉末，易潮结块 | 酸性，可作基肥或追肥，在土壤中极易固定为不溶性，宜分次施用 |
| 磷肥 | 磷矿粉 | 五氧化二磷 20 | 灰色粉末，难溶于水 | 迟效性肥，宜作基肥，并早施。最好和厩肥，堆肥沤制发酵后施用 |
| 磷肥 | 骨粉 | 五氧化二磷 21~24 氮 3~4 | 动物骨骼粉碎物 | 迟效性肥，可作基肥，最好与有机肥混合使用，和土壤充分混合和经土壤微生物分解，使磷变为可给态 |
| 磷肥 | 钙镁磷肥 | 五氧化二磷 17~19 氧化钙 25~30 氧化镁 15~18 | 灰色粉末 | 碱性迟效性肥，最好与有机肥混合使用，由于含钙量高，适宜 pH 值较低的土壤使用 |
| 钾肥 | 硫酸钾 | 氧化钾 48~52 | 白色或灰色粉末 | 速效生理酸性肥，可作追肥，宜于在黄壤等缺钾土壤中使用 |
| 钾肥 | 氯化钾 | 氧化钾 50~60 | 白色结晶 | 速效生理酸性肥，可作追肥，因富含氯，茶园不宜过多使用 |

表 24 所列均为四川省常用的无机肥，应因地制宜，合理使用：①依肥料性质选择使用于各种茶园，如高山茶园春肥宜施硫酸铵，夏肥宜施尿素；②依土壤性质确定肥料，如紫色土不缺钾，可少施钾肥，黄壤或长期种茶后的土壤常缺钾，宜多施钾肥；③氮磷钾素肥配合使用时，应注意不要酸碱肥混用，以免损失肥分。

（2）农家肥料、商品肥料及其他肥料

①农家肥料。农家肥是指就地取材、就地使用的各种有机肥料。它由大量生物物质、动植物残体、生物排泄物、生物废料等积制而成的，包括堆肥、沤肥、厩肥、沼气肥、绿肥、作物秸秆肥、泥肥、饼肥等。

堆肥：指以各类秸秆、落叶、山青、湖草为主要原料并与人畜粪便和少量泥土混合堆制、经好气微生物分解而成的一类有机肥料。

沤肥：沤肥所用物料与堆肥基本相同，只是在淹水条件下，经厌氧微生物发酵而成的一类有机有料。

厩肥：指以猪、牛、马、羊、鸡、鸭等畜禽的粪尿为主与秸秆等垫料堆积并经微生物发酵、分解而成的一类有机料。

沼气肥：指在密封的沼气池中，有机物在厌氧条件下经厌氧微生物发酵制取沼气后的副产物。主要由沼气水肥和沼气渣肥两部分组成。

绿肥：指以新鲜植物体就地翻压、异地施用或经沤制、堆腐后而成的肥料。主要分为豆科绿肥和非豆科绿肥两大类。

作物秸秆肥：指以麦秸、稻草、玉米秸、豆秸、油菜秸等直接还田的肥料。

泥肥：指以未经污染的河泥、塘泥、沟泥、港泥、湖泥等经厌氧微生物分解而成的肥料。

饼肥：指以各种含油脂成分较多的植物种子经压榨去油后的残渣制成的肥料，如茶籽饼、棉籽饼、豆饼、芝麻饼、花生饼、蓖麻饼等。

农家肥来源复杂，常常含有较多的有害微生物和杂草种子等，如人畜禽粪便含有寄生虫卵、病毒、大肠杆菌等。因此，在使用前须经过无害化处理，杀灭寄生虫卵、病原体和去除臭气等。

农家肥无害化处理方法很多，有物理方法、化学方法和生物方法等。物理法如暴晒、高温处理等；化学方法是采用添加化学物质除害；生物方法是在接菌后进行堆腐、沤制，使其高温发酵。目前，在生产上应用较多的是自然堆制法。

具体做法是选择一块地势较高的平地，先将作物秸秆、杂草铺在地上，宽3～4米，长度不限，厚度40～50厘米，在秸秆上面铺上动物粪便，上面再加秸秆，如此一层一层往上堆积，使形成2～3米高的长梯形大堆。秸秆和粪便中应混入一定量的泥土，撒上些石灰或草木灰，秸秆和粪便较干时应加一定量的水，最好添加一些微生物制剂，如酵素菌等，以促进有机肥腐熟。最后堆表面铺上一层10厘米厚的细土，或用稀泥封闭，以维持堆内温度和保存养分。一般堆制1～2个月即可使用。

②商品肥料。商品肥料指按国家有关法规规定，在国家肥料管理部门指导或管理下生产，以商品形式出售的肥料。包括商品有机肥、腐殖酸类肥、微生物肥、有机复合肥、无机（矿质）肥、叶面肥、有机无机肥、掺合肥等。

商品有机肥料：指以大量动植物残体、人畜排泄物及其他生物废物为原料经加工制成的商品肥料。

腐殖酸类肥料：指以含有腐殖酸类物质的泥炭（草炭）、褐煤、风化煤等经过加工制成、含有植物营养成分的肥料。

微生物肥料：指以特定微生物菌种培养生产的、含有活性微生物的肥料制剂。根据微生物肥料对改善植物营养元素的不同，可分成五类：即根瘤力肥料、固氮菌肥料、磷细菌肥料、硅酸盐细菌肥料、复合微生物肥料。

有机复合肥：指经无害化处理后的畜禽粪便及其他生物废料加入适量的微量营养元素制成的肥料。

无机（矿质）肥料：指矿物经过物理或化学工艺处理，按工业生产方式制成，养分呈无机盐形式的肥料。包括矿物钾肥、硫酸钾、矿物磷肥（磷矿粉）、煅烧磷酸盐（钙镁磷肥、脱氟磷肥）、石灰、石膏、硫黄等。

叶面肥料：指喷施于植物叶片并能被其吸收利用的肥料，叶面肥料中不得含有化学合成的生长调节剂，包括含微量元素的叶面肥和含植物生长辅助物质的叶面肥料等。

有机无机肥（半有机肥）：指有机肥料与无机肥料通过机械混合或化学反应而成的肥料。

掺合肥：指在有机肥、微生物肥、无机（矿质）肥、腐殖酸肥中按一定比例掺入化肥（硝态氮肥除外），并通过机械混合而成的肥料。

③其他肥料　其他肥料指由不含有毒物质的食品、纺织工业的有机副产品，以及骨粉、骨胶废渣、氨基酸残渣、家禽家畜加工废料、糖厂废料等有机物料制成的肥料。

4. 茶树施肥的原则

（1）有机肥和无机肥配合施用，以有机肥为主。我省现有茶园多数系20世纪70年代末开辟的，建园前荒地植被多为杂草，土壤中有机质含量普遍较低，特别需要补给有机肥料。有机肥多为蒿杆肥和畜肥，内含多种矿质元素，可以代替许多微量的单独补给。多施有机肥可以增加土壤有机质，改良土壤结构，活跃微生物群落，并可缓慢分解释放肥分，源源不断地供应茶树。但是有机肥是粗质肥，矿质元素尤其是氮磷钾的绝对含量少，不能满足茶树生长和大量采摘的需求，所以应该以有机肥为主，配合施用无机肥料，以增加土壤中三要素的贮存量。

（2）基肥和追肥并重，追肥分次使用。土壤质地的改良非一朝一夕之功，需要分年施用基肥，逐步熟化和改良土壤。所以在秋末深耕时，凡有条件的都应重施一次基肥，以增进土壤肥力，为翌年茶树生长准备条件。追肥则应按照茶树吸收氮磷钾的季节和比重有计划地分次施用。由于茶树新梢生育具有批次性，所以应根据生育性及时施用追肥，补足因采摘而消耗的矿质元素。南桐矿区推行按发芽轮次施用追肥，是比较科学的方法。

（3）三要素配合施用，不要偏废。茶树吸收土壤中的三要素是有一定比例的，所以施用追肥不能偏于一种。目前农村中多数茶园只施氮肥是不够的，必须适当配合施用磷肥、钾肥才能更好促进茶叶高产优质。氮、磷、钾的配合比例：已投产的成龄茶园，以3∶1∶1（纯量）为好；幼龄茶园则应多施磷肥、钾肥，可改为3∶2∶2，对缺磷的土壤宜加大磷肥比重，可采用3∶2∶1；对缺钾的土壤，宜采用3∶1∶2的比例。初开垦的茶园，一般土壤不缺钾素，可以缓施钾肥。

5. 不同种类茶园的施肥

绿色食品茶在质量标准上与非绿色食品茶有不同要求，

由于肥料施到土壤以后，主要供应茶树吸收利用。因此，施入茶园土壤的肥料各种成分都有可能被茶树吸收，而且积累在茶树的收获对象——茶树新梢上。所以，使用的肥料必须符合《绿色食品　肥料使用准则》的质量标准要求。绿色食品有A级和AA级之分，两者在质量标准上有不同要求，在肥料的应用上也各有不同要求。

(1) A级绿色食品茶园允许使用的肥料种类。A级绿色食品茶园允许使用的肥料种类有：①AA级绿色食品茶园允许使用的全部肥料种类皆可以在A级绿色食品茶园中使用；②经专门机构认定，符合绿色食品生产要求，并正式推荐用于AA级和A级绿色食品生产的肥料类产品；③在①②两类肥料不能满足A级绿色食品生产需要的情况下，允许使用上述商品肥料中所述的掺合肥（注意：无机氮与有机氮的掺和比例不能超过1∶1)。

A级绿色食品茶园施肥除了须按上述要求选择合适的肥料种类之外，在肥料使用过程中还应该注意以下原则：

①必须选用A级绿色食品茶园允许使用的肥料种类。如这些规定的肥料种类不够满足生产需要，允许按以下②和③的要求使用化学肥料（氮、磷、钾)，但禁止使用硝态氮肥。

②化肥必须与有机肥配合施用，无机氮与有机氮之比不超过1∶1。例如，施优质厩肥1 000千克加尿素10千克(厩肥作基肥，尿素可作基肥或追肥用)。而且追肥施用时间必须在收获前30天以前进行。

③化肥也可与有机肥、复合微生物肥配合施用。比如厩肥1 000千克，加尿素5～10千克或磷酸二铵20千克，复

合微生物肥料 60 千克（厩肥作基肥，尿素、磷酸二铵和微生物肥料作基肥或追肥用）。而且追肥施用时间必须在收获前 30 天进行。

④城市生活垃圾一定要经过无害化处理，质量达到 GB8172 中 1.1 的技术要求才能使用。每年每公顷茶园限制用量，黏性土壤不超过 45 000 千克，砂性土壤不超过 300 000 千克。

⑤秸秆还田：与 AA 级绿色食品茶园的要求相同，还允许用少量氮素化肥调节碳氮比。

⑥其他使用原则，与生产 AA 级绿色食品茶园的肥料使用原则相同。

（2）AA 级绿色食品茶园允许使用的肥料种类。AA 级绿色食品茶园允许使用的肥料种类有：①上面所述的农家肥中的全部种类；②经专门机构认定，符合绿色食品生产要求，并正式推荐用于 AA 级绿色食品生产的肥料类产品；③在①、②两类肥料不能满足 AA 级绿色食品生产需要的情况下，允许使用上述商品肥料中的商品有机肥、腐殖酸类肥料、微生物肥料、有机复合肥、无机（矿质）肥料、叶面肥料、有机无机肥（半有机肥）。AA 级绿色食品茶园不允许使用上述商品肥料中的掺合肥及其他肥料中介绍的肥料种类。

AA 级绿色食品茶园施肥除了须按上述要求选择合适的肥料种类之外，在肥料使用过程中还应该注意以下准则：

①禁止使用任何化学合成肥料，如尿素、硫酸铵、硝酸铵、过磷酸钙等。

②禁止使用城市垃圾和污泥、医院的粪便、垃圾和含

有害物质（如毒气、病原微生物、重金属等）的工业垃圾作为肥料。

③各地可因地制宜采用秸秆土壤覆盖等形式增加土壤有机质，改善土壤结构。

④通过覆盖、翻压、堆沤等方式合理利用绿肥。绿肥应在盛花期或之前进行翻压，翻埋深度为 15 厘米左右，盖土要严，翻后耙匀。压青后 15～20 天才能进行移苗。

⑤腐熟的沼气液、残渣及人畜粪尿可用作追肥。严禁施用未腐熟的人粪尿。

⑥饼肥要经过发酵处理，禁止施用未腐熟的饼肥。

⑦叶面肥料质量应符合 GB/T17419，或 GB/T17420，或表 25 的技术要求。按使用说明稀释，在每个生长期内，喷施 2 次或 3 次。

表 25　无机肥料的技术要求

| 肥料种类 | 营养成分 | 杂质控制指标 |
| --- | --- | --- |
| 煅烧磷酸盐 | 有效五氧化二磷≥120 克/千克（按碱性柠檬酸铵提取法测定） | 按每含 10 克/千克五氧化二磷折算：砷≤0.04 克/千克；镉≤0.1 克/千克；铅≤0.02 克/千克 |
| 硫酸钾 | 氧化钾≥500 克/千克 | 按每含 10 克/千克氧化钾折算：砷≤0.04 克/千克；氯≤3 克/千克；硫酸镁≤5 克/千克 |
| 腐殖酸叶面肥料 | 腐殖酸≥80 克/千克；微量元素（铁，锰，铜，锌，硼）≥60 克/千克 | 砷≤0.02 克/千克；镉≤0.1 克/千克；铅≤0.02 克/千克 |

⑧微生物肥料可用于面肥、基肥和追肥使用。使用时应严格按照使用说明书的要求操作。微生物肥料中有效活

菌的数量应符合 NY227 中 4.1 及 4.2 技术指标。

（3）绿色食品茶园肥料使用的其他规定

①生产绿色食品茶的茶园使用的农家肥料无论采用何种原料（包括人畜禽粪尿、秸秆、杂草、泥炭等）进行制作堆肥，必须经过高温发酵，以杀灭各种寄生虫卵、病原菌、杂草种子，使之达到无害化卫生标准（表 26 和表 27）。农家肥料，原则上就地生产就地使用。外来农家肥料应经过检验、确认符合要求后才能使用。商品肥料及新型肥料必须通过国家有关部门的登记认证及生产许可，质量指标应符合绿色食品生产资料认证推荐管理办法实施细则的要求。

表 26　高温堆肥卫生标准

| 项目 | 卫生标准及要求 |
| --- | --- |
| 堆肥温度 | 最高堆温达 50 ~ 55℃，持续 5 ~ 7 天 |
| 蛔虫卵死亡率 | 95% ~ 100% |
| 粪大肠菌值 | $10^{-2}$ ~ $10^{-1}$ |
| 苍蝇 | 有效地控制苍蝇滋生，堆肥周围没有活蛆、蛹或羽化的成虫 |

表 27　沼气发酵肥卫生标准

| 项目 | 卫生标准及要求 |
| --- | --- |
| 密封储存期 | 30 天以上 |
| 高温沼气发酵温度 | 53 ± 2℃持续 2 天 |
| 寄生虫卵沉降率 | 95% 以上 |
| 血吸虫卵和钩虫卵 | 在使用粪便中不得检验出活的血吸虫卵和钩虫卵 |
| 粪大肠菌值 | 普通沼气发酵 $10^{-4}$，高温沼气发酵 $10^{-2}$ ~ $10^{-1}$ |

（续表）

| 项目 | 卫生标准及要求 |
| --- | --- |
| 蚊子、苍蝇 | 有效地控制蚊蝇滋生，粪液中无活蛆，池的周围无活的蛆蛹或羽化的成虫 |
| 沼气池残渣 | 经无害化处理后方可做农肥 |

②如果因施某种肥造成土壤污染、水源污染，或影响农作物生长、农产品达不到卫生标准时，要停止施用该肥料，并向有关专门管理机构报告。使用这些肥料生产的产品也不能继续使用绿色食品标志。

（4）有机茶园施肥。有机茶园的肥料可以参照AA级绿色食品茶园的肥料使用标准。由于有机茶不同颁证机构的标准要求有所区别，还要根据颁证机构的有关要求和规定严格筛选肥料的种类。申请国内认证的有机茶的肥料使用可以参考中华人民共和国农业行业标准《有机茶生产技术规程》（NY/T5197－2002）的要求执行。表28至表30中列出的部分允许、限制和禁止使用的肥料种类，生产管理中可以作为参考。

**表28　有机茶园允许使用的肥料**

| 品种 | 施用说明 |
| --- | --- |
| 堆（沤）肥 | 必须经过49～60℃高温发酵处理，肥料中不允许含有颁证机构提出禁止使用的物质 |
| 畜禽粪便 | 经过无害化处理 |
| 饼肥 | 油菜籽饼、茶籽饼、桐籽饼等，经过发酵和无害化处理 |
| 泥炭（草炭） | 未受到有害物质污染 |
| 腐殖类肥料 | 指天然褐煤、风化煤等，要粉碎和处理才可使用 |
| 动物残体或制品 | 如血粉、骨粉、蹄、角粉、皮、毛粉等，蚕蛹、蚕沙 |

（续表）

| 品种 | 施用说明 |
| --- | --- |
| 绿肥 | 春播夏季绿肥，秋播冬季绿肥，以豆科绿肥为最好 |
| 草肥 | 山草、水草、园草等，要经过暴晒、堆沤后施用 |
| 天然矿物和矿产品 | 指未经过化学加工的磷矿粉、黑云母粉、长石粉、白云石粉、蛭石粉、钾盐矿、无水镁钾矾、沸石、膨润土等 |
| 氨基酸叶面肥 | 指以动、植物为原料，采用生物工程而制造的氨基酸生物肥料 |
| 有机茶专用肥 | 指经专门认证机构认证批准，并允许在有机茶园使用的专用肥料 |
| 菌肥 | 指 EM、钾细菌、磷细菌、固氮菌、根瘤菌等肥料 |

**表 29　有机茶园限制使用的肥料**

| 品种 | 施用说明 |
| --- | --- |
| 硫肥 | 指天然硫黄，只有在缺硫的土壤或 pH 高的土壤中适当施用 |
| 微量元素叶面肥 | 指硫酸铜、硫酸锌、钼酸钠（铵）、硼砂等，只有在茶树缺乏该种元素的情况下方可施用，喷洒浓度为 < 0.1 克/升 |

**表 30　有机茶园禁止使用的肥料**

| 品种 | 施用说明 |
| --- | --- |
| 化学氮肥 | 指化学合成的硫酸铵、尿素、碳酸氢铵、氯化铵、硝酸铵、氨水等 |
| 化学磷肥 | 指化学加工的过磷酸钙、钙镁磷肥等 |
| 化学钾肥 | 指化学加工的硫酸钾、氯化钾、硝酸钾等 |
| 化学复合肥 | 指化学合成的磷铵、磷酸二氢钾、复合肥、复混肥等 |
| 叶面肥 | 含有化学合成的表面活性剂、渗透剂及化学合成的多功能叶面营养液，稀土元素等 |
| 城市垃圾 | 因含有较高的重金属和有害物质，所以不能施用 |
| 工厂、城市废水 | 因含有较高的重金属和有害物质，所以不能施用 |

为了确保有机茶生产的高产、优质、安全，在幼龄茶园除了要重视施用农家有机肥和专用商品肥之外，还可以间作豆科绿肥作物，以便充分利用豆科作物的根瘤固氮作用来提高土壤含氮量。

6. 施肥方法

（1）施肥次数。一般每年应施一次基肥。基肥以迟效性有机肥如蒿杆堆肥、厩肥或饼肥为主，配合施用一些过磷酸钙（或磷矿粉）和硫酸钾等。施基肥时间以 9 ~ 10 月为宜，当时正值根系生长旺盛，地上部休眠，地温还不太低，有利于树势恢复，而且对越冬芽的叶原基发育有利，次年发芽早，生育好。

追肥应按发芽轮次分次施用。一般每年追肥 3 ~ 6 次。早春，地温已达 10℃而气温尚未达到茶芽萌发需要时，根系已开始生长，这时宜施一次早春肥，促使春茶萌发快，伸育强。春茶结束到夏茶开始前，地上部暂时休眠，茶树根系进入新的吸收高峰，此时宜施第二次追肥，促使第二轮育芽多，新梢壮。夏茶基本结束到秋茶萌发前，施用第三次追肥，以促进秋梢第一轮发芽强壮。秋茶中期宜施第四次追肥，以促进秋茶后一轮新梢生长良好。秋茶结束时，施用第五次追肥，以促进秋茶后一轮新梢生长良好。秋茶结束后，施用第六次追肥，以促进树上叶片生长健壮，增强越冬抗寒能力并为芽原基分化准备条件。如有条件，最好在夏茶间隙增加一次追肥。按轮次施追肥的优点是：①头一轮新梢生长结束，即为二轮作好养料补给准备；②轮间地上部休眠，常为根系吸收旺季，施肥吸收利用率高。

有的高产茶园采用管道施肥办法，使茶树随时都吸取水分和肥料"吃饱喝足"，营养丰富，亩产可达500千克以上。

我省多数茶区，在有充足的肥料贮备条件下，丰产茶园一年可施5~6次追肥，一般茶园应施3~4次追肥，时间在早春、春夏茶间、夏秋茶间、秋茶结束后，如肥料不足，次数可适当减少，但不能减少春茶前和春夏茶之间的两次追肥。

（2）施肥数量。茶园施肥量依茶树年龄、采茶数量和土壤条件而定。投产茶园一般按采摘量折算施肥量。如以茶叶中所含矿质元素的纯量计，氮、磷、钾的干物百分比为5∶(0.3~0.4)∶(1.1~2.3)，如以氮、五氧化二磷、氧化钾计，则为4.5∶1∶2.5。说明每生产50千克干茶，实际上从土壤中带走氮素2.25千克、磷酸0.5千克，氧化钾1.25千克。但是，每一种肥料施下后，茶树实际上只能吸收利用其一部分，如土壤结构板结，茶树对氮素的利用率为45%，磷素为20%，钾素为40%；而且吸收的肥料，并不全部供应新梢，有一部分用于枝干、根系和开花结实，所以实际上分配到新梢的分量只占吸收量的30%~40%。依此计算，则每生产50千克干茶，应施用纯氮10千克，磷12.5~15千克，钾12.5千克左右。当然由于茶园土壤条件复杂多变，有时向土壤深层渗积的氮素第二年还能重新上升到土壤上层为茶树吸收利用，原来已固定为不可溶的磷盐也因微生物（磷细菌）的活动而转变为可给态。因此施肥的绝对量还要根据土壤情况来计算。

根据我省实际情况，一般亩产干茶（细茶）100公斤以上的茶园，冬季施基肥每亩可用厩肥、堆肥1 500~2 000千克或饼肥 100 ~ 150 千克，配施磷肥 25 ~ 30 千克。全年追肥用量，可按照氮素 25 ~ 30 千克，配合清淡粪肥或泡青肥 2 000~ 2 500 千克，结合浅耕除草，按发芽轮次分次施下。5 月份追肥时宜配施磷肥 150 千克左右，9 月追肥时配施硫酸钾等钾肥 15 千克左右。如全年施 5 次追肥的，春茶前的一次追肥数量应占全部追肥量的 25% ~ 30%，如全年施 3 次追肥的，春茶前的一次应占 40% 以上。

亩产 150 千克以上的茶园，其施肥量应随之增加。重庆南桐区云寨茶园和名山县双河茶园亩产 400 ~ 500 千克的，都是施基肥 3 500~ 4 000 千克，追肥纯氮 50 千克以上，磷素 50 斤以上，钾素 15 千克以上。

幼龄茶树的耗肥量比成龄茶园少，但绝不能忽视幼龄茶园的施肥。四川省有些新辟茶园，基础差、肥力低，茶苗生长良，迟迟不能投产。这种情况尤宜加强施肥，幼龄茶园施肥以土壤改良为主，重施基肥，每亩可施堆肥或厩肥 4 000~ 5 000 千克，配施磷肥 25 千克。全年追肥以氮素化肥为主，少吃多餐，每次用量少些，次数多一些，以促进幼苗生长，以后随树龄增大逐年增加追肥数量。

（3）施肥部位。施肥方法是否适当，对肥效有很大影响。茶园应开沟施肥，施基肥应挖较深的沟，施后和土混匀，然后覆土。施追肥应开浅沟，一般深度 15 厘米左右，施后盖土，容易挥发的肥料如氨水，则应深施并盖土。

开沟部位视树龄而定，茶树根系分布范围常大于树幅，其吸收根的分布，在幼年期略大于树幅，成年期近似于树幅，衰老期略小于树幅。所以施肥沟应从树冠外沿下面开挖。由于吸收根的垂直分布以土深 20 厘米处为多，施肥宜开浅沟，一般宽限4～5寸，深2～5寸，施肥后均匀盖土。梯式茶园可在内、外两侧树冠垂线下交替开沟施肥，坡地未开梯茶园应在坡向上方一侧开沟施肥。

速效性化肥最好加水或清粪施用，这样才能被茶树迅速利用。施肥时不要把肥料溅在叶片上，以免产生肥害。

用可溶性的氮磷钾素肥料作茶树根外追肥，是促使茶树迅速吸收的一种施肥方法。也可结合喷药治虫同时进行，一举两得。根外追施的肥料，一般采用1%的硫酸铵液或0.5%的尿素液，浓度不能过大。宜在晴天上午和傍晚喷射幼嫩新梢和叶背部，使茶叶气孔吸收肥液。喷施时间以新梢一芽一叶初展阶段为宜，因为幼嫩芽叶需肥量大，新梢的叶片和嫩茎的角质层尚未形成，易于吸收。

国内外常有应用生长刺激素如赤霉素（GA3）、吲哚乙酸（IAA）等喷射茶树叶面以促进茶树新陈代谢，使新梢伸育加快的情况。生长激素以赤霉素为最好，喷施浓度主要为10～100单位，对茶叶品质无不良影响，但年施用次数不宜过多。

施根外追肥或激素应注意以下几点：

①根外追肥只是一种辅助方法，并不能取代根部施肥。由于茶树的地上部和地下部生长有相关性，地上部的生长有赖于强大的根系和旺盛的吸收机能，如果不施肥于土壤，则根部吸收机能削弱，根系生长不良，会造成地上部生长势衰退。所以必须以根部施肥为主，而根外追肥一般是在高产茶园根部施肥量大的情况下，作为一项增进产量的辅助手段。

②在根外追肥和激素运用时不能任意提高浓度，以免

产生副作用。特别是在治虫药剂和肥液混合喷射时，两种成分要分别计算浓度，分别加水稀释，然后才能混合施用。

③根外追肥和激素在即将采茶时不能使用，以免影响茶叶品质。

（4）因地制宜，广开肥源。随着我省茶园面积的迅速扩大，有机肥明显不足，必须广辟肥源，大量积造有机肥料。名茶区自然肥源十分丰富，可采取“猪—沼—茶”、“茶—绿肥—畜禽”等复合模式，充分开发利用。

①积肥。农村积肥材料很多，青草、落叶、作物蒿杆、沟泥、塘泥、垃圾和山林的腐殖质土等等都可积造堆肥，农村大办沼气，也是开辟有机肥源的好办法。有些地方习惯于将杂草和蒿杆等烧成灰，这是一种浪费的做法，应该改烧灰为沤制堆肥。

②种绿肥。幼龄茶园行间种绿肥，既可熟化土壤，培养地力，又可覆盖地面，抑制土壤水分蒸发和杂草生长。适宜茶园间种的绿肥种类很多，春夏季可种黄豆、豌豆、花生、绿豆等；秋冬可种豌豆、胡豆、紫云英、萝卜、土豆等。茶园间种绿肥要在茶行两边轮换种植，并与茶苗保持一定距离。种植密度不要过大，以免影响茶苗的正常生长发育。梯式茶园可在坎壁种植宿根性植物，既保坎，又能作绿肥。

③养牲畜。山区草源丰广，可以通过养牛、养猪、养羊积造厩肥。为了积肥，养牛、养羊应用圈养方式，不要放牧。

（四）水分管理

1. 水分与茶树发育

水分是茶树各器官细胞液的重要组成部分，茶树体内各部位水分含量均较高，全株约占干重的60%，根的50%，枝干的40%～50%，老叶的65%，花的70%～75%，幼嫩可采新梢含水量最高，占75%～80%。水分又是茶树一切新梢代谢和生理活动的介质，绝大多数矿质元素必须呈离子态才能被茶树吸收，根系吸收后，通过水溶状态上输到幼嫩生长点，有机物须藉水溶解输送到树体各器官；光合作用需水的光解取得质子使NADP+还原；水分又可使细胞维持一定的张弛度，以保持一定的形状和生理功能，呼吸过程也需水的参加才能使淀粉、蛋白质和糖水解。所以水分是影响茶树新陈代谢强度的重要物质。

茶园水分主要来自大气降水，部分来自人工灌溉和地下水上升。茶园水分的消耗主要是通过地面植被的根系吸收和枝叶蒸腾。

四川省茶区降水量是比较富裕的，大多数地方年降水量都在1 000毫米以上，多的达1 700毫米，但是茶树的平均日耗水量并不对应于降水量。据中国茶科所研究，随树龄增大，耗水量上升；随产量提高，生长势旺盛，耗水量上升；随密度增加，耗水量上升（见表31）。一年中，耗水量随季节而变化。冬季休眠期，气温低，光照弱，茶树日均耗水量为1.3毫米；春季气温上升，光照加强，茶树生长活跃，耗水增加，日均耗水量约3毫米；到了炎热的夏季，虽然茶树生长量并不大，但蒸腾作用强烈，日均耗水量达7毫米，入秋后又逐渐减少，全年呈现低—高—低的规律。

表 31　茶园耗水量

| 测定时间<br>7.20～7.29 | 土深<br>（厘米） | 树冠覆盖度<br>（%） | 亩产干茶<br>（千克/年） | 日均耗水量<br>（毫米） |
|---|---|---|---|---|
| 二年生幼龄园 | 0～70 | 15 | / | 3.82 |
| 一般投产园 | 0～80 | 85 | 175 | 5.56 |
| 五年生密植园 | 0～80 | 100 | 250 | 5.95 |
| 丰产试验园 | 0～80 | 95 | 350 | 7.17 |

茶树是多年生木本植物，树冠庞大，缺水时，会造成严重的生理失调，出现：①光合作用受阻，呼吸作用加强。光合作用无水的光解，光合系统Ⅰ、Ⅱ不能协调作用，导致气孔关闭，二氧化碳不能进入，光合作用停滞；与此同时，呼吸作用加强，光合产物大量分解，积累减少，消耗剧增，导致芽叶瘦小，叶色暗淡，严重时新梢萎蔫枯死。②体温上升。由于水分不足，蒸腾被弱而不能散热，叶绿素作用破坏，蛋白质凝固，酶活性减弱。③由于蛋白质合成速率下降，多核糖体降低，氮代谢相似于植株衰老时的低能状态，可溶性氨基酸上升，脯氨酸、天冬氨酸积聚。④原生质层透性加大，无机盐和电解质外渗。

因此，当外界环境条件的水分不能满足茶树发育要求时，茶树新梢开初出现较多驻芽，新梢伸育停滞；继而嫩梢萎枯，叶片泛红；进而出现叶片灼伤，甚至局部落叶，最后全株死亡。如果土壤水分充足，茶树生长量大，则鲜叶中有益的化学成分含量较高。（见表 32）

表 32　茶园土壤水分与茶树生长和鲜叶化学成分的关系

| 田间持水量% | 芽叶生长量 | | 伸长速度 | 芽叶数 | 产量 |
|---|---|---|---|---|---|
| | 鲜重个/克 | 长度个/厘米 | 米/个 | 个/45 平方厘米 | % |
| 94.01 | 4.1 | 4.3 | 2.4 | 36.3 | 131.54 |
| 84.12 | 3.3 | 3.9 | 2.1 | 100 | 121.00 |
| 74.92 | 1.8 | 2.1 | 1.2 | 78.6 | 100 |
| 正常芽叶% | 对夹叶% | 鲜叶含水% | 粗纤维% | 氨基酸毫克% | 茶多酚% |
| 51.34 | 32.50 | 74.54 | 15.54 | 225.6 | 21.31 |
| 50.95 | 33.49 | 74.06 | 14.20 | 215.3 | 20.81 |
| 26.19 | 53.22 | 72.70 | 10.26 | 194.6 | 20.24 |

注：伸长速度指 7 月 29 日~ 8 月 16 日时期内。

2. 茶园蓄水保水

（1）茶园蓄水。茶园失水主要有地面径流、地下水渗漏、茶树蒸腾、行间杂草蒸腾等方式，其中除茶树蒸腾为正常失水外，其他都应采取针对性措施，尽可能减少茶园土壤水分的消耗。如对渗漏可通过深耕来改良土壤结构，增大土壤蓄水保水能力；对杂草蒸腾应采用勤除杂草和行间铺草等办法以减少无效消耗，对地面径流可采用减缓茶园坡度（如开梯、横向种植等）、行间盖草、间种绿肥等办法以减缓径流。还应在茶园坡顶水道、路旁植树，从根本上改善茶园的小区域气候和湿度。

为了蓄积雨水，应在茶园建立蓄水系统，修好隔离沟、横沟、纵沟，使之相互贯通，汇集水流进入蓄水池子。茶园最大日耗水量一般不超过 8 毫米，而日降雨量有时可高达 200 毫米，蓄水潜力很大。暴雨不蓄积，不仅影响茶园本身用水，而且还可能造成表土流失。特别是坡度较大的茶园，泥沙流失量很大，一日淤塞河道，就可能给山下农田造成灾害（表33）。所以，茶园建立蓄水池是一项很重要的基本建设措施，开辟新茶园时，就要根据地形地势，以及当地的雨量，合理规划修建，并经常注意维修，防止水池垮塌渗漏。

表33　茶园水土流失情况

| 坡　度 | 水分流失量<br>平方米/亩 | 泥沙流失量 | |
|---|---|---|---|
| | | 千克/亩 | % |
| 5° | 51.56 | 402.28 | 100 |
| 15° | 114.43 | 4214.15 | 1 049 |
| 25° | 117.33 | 5 543.15 | 1 380 |

（2）茶园灌溉。茶园是否需要灌溉，视茶树生理指标和土壤混度指标而定。茶树新梢的细胞液浓度低于8%时为正常，接近10%时为缺水；茶树叶细胞沙哑势在巴之间为正常，第2叶水势为 -10～11 巴时为缺水；茶园土壤持水量达90%时为正常，降低到60%～70%时为缺水；土壤水势在 -0.2 巴时为正常，降到 -0.5 巴时为缺水。这些缺水指标，即为应灌溉的指标。另外，亦可观察天气，如久旱不雨，气温高，蒸发量大，茶树新梢出现弯直现象，就应及时灌水。

茶树喜酸，灌溉水亦需 pH 值小于7的酸性水，含钙量大的碱性水忌用。在石灰岩地层的蓄积水，使用时尤应注意。含盐量高的水忌用，泥沙多的水需过滤后再作灌溉用。另外，灌溉水温必须略低于土温，过冷的水则需迂回晒水升温后再用。

灌溉用水量应根据土壤容重和田间持水量、计划灌溉的土声层深度、灌前土壤水分的下限、渗入土壤的速度以及茶树日耗水量等因素确定，可用下公式计算：

①式……$M=10rh(p_1-p_2)\ 1/p$

$M$ 为灌水量（毫米）$r$ 为土壤容重，$h$ 为灌溉深度，$p_1$ 为灌后含水率上限，$p_2$ 为灌前含水率下限，$p$ 为水利用系数。

②式……$T=M/W$

$T$ 为灌水周期（天数），$M$ 为灌水量（毫米），$W$ 为茶树生育阶段日耗水量（$W$ = 茶树发育阶段日蒸发量 × 耗水系数）。

茶园灌溉方法有：沟灌、喷灌、滴灌等。

喷灌是用喷头将水均匀喷洒在茶园空间，然后落到茶地，这样可以避免地表径流和深层渗漏，还可改善小区空间湿度，是一种较好的灌溉方法（见表34）。

**表34　茶园喷灌效果**

| 项目 / 类别 | 茶蓬面30厘米气温（℃） | 茶蓬面30厘米湿度（%） | 蓬面叶温（℃） | 树干温度（℃） | 土壤含水% 0~15厘米 | 土壤含水% 15~30厘米 | 地温（℃）地表 | 地温（℃）20厘米 |
|---|---|---|---|---|---|---|---|---|
| 喷灌 | 41.0 | 54 | 41.9 | 38.8 | 25.23 | 24.83 | 32.0 | 27.5 |
| 对照区 | 43.3 | 45 | 42.9 | 42.0 | 16.75 | 16.61 | 41.0 | 29.5 |
| ±量 | -2.3 | -9 | -1.0 | -3.2 | -8.48 | -8.22 | -9.0 | -2.0 |

茶园喷灌的喷头最好选用中压喷头。

滴灌是通过低压管道系统将过滤水送到滴头，均匀地滴入茶园根际土壤，使茶树吸收根分布范围内的土壤保持

图 21　设施茶园（喷灌）

一定的湿度，这种方法节约用水，效果显著。滴灌根据茶树生理指标和天气确定始灌期，第一次使土壤湿透，以后每日或隔日滴一段时间，旱热季若以每 3 丛茶设一个滴头，每小时滴水 2 公升，每日滴灌 4. 5 小时，即可满足茶树生长需要。据杭州茶试场测试，滴灌区比对照区增产 15. 5%～26. 8%。但滴灌设备复杂，管道耗资较大。

沟灌是在茶行间开沟引水灌溉或挑水灌溉，最好将蓄水池中的水提高水位，引入茶园，使其自流灌溉。这种方法简便易行，但耗水较多。据湖南米江茶场试验，实行沟灌的茶园可增产 5. 8%。沟灌的流量不能过大，以免冲刷土壤，一般以每小时 4～7 平方米为好。

（五）茶树修剪

茶树修剪是为了改变茶树自然生长状态，使其树冠结构向着人们要求的方向发展，以达到尽快成园和持续优质高产的目的。通过对茶树一部分枝条的切割，可以发掘茶树体内养分分配条件而产生一种刺激力，促使各器官的生长发生量变，较长期地保持旺盛的生机。对成龄茶树修剪，能合理控制树高和树幅比例，调整蓬面发芽基础，使生产枝数量和质量协调，并抑制生殖生长，促进新梢伸育良好，维持高产优质。对衰老茶树，修剪能在一定程度上复兴生长势，重新获得较好的产量和质量。此外，修剪还能使茶树保持适当的高度和整齐的树冠，便于管理和采摘。

1. 茶树修剪的生物学原理

投产后的成年茶树，由于不断采摘新梢，以致采摘面高低不平，分枝稀密不均，必须采取轻修剪办法，使蓬面发芽基础相对一致，并调节芽的数量和重量。在连续多年采摘之后，茶树蓬面小桩出现衰老现象，枯枝、鸡爪枝增多，萌芽能力下降，这时需用深修剪手段，重新组成树冠生产枝层；如果蓬面小桩衰老程度不一致，可用逐枝修剪的办法去劣换新。不论轻修剪或深修剪都是在树冠面上进行，所以统称为冠面修剪。

（1）茶树地上部和地下部生长有相关性。当二者处于相对平衡的状态时，如果剪去了冠面一部分或较大部分枝叶层，光合量降低，茶树根系的碳水化合物在短时期内处于亏缺状态，被迫减缓生长，并将贮存的糖水解，同时加强对土壤中水分和矿质元素的吸收，集中全力促进新枝的生长，以求得新的平衡。茶树一生中都存在着根系和树冠生长相互促进的关系。如表 30 所示，一年生茶苗根幅大于树幅，以后随树龄的增大，根系和树冠之间一直呈现节奏性相关生长，而且处于动态平衡之中，这也就是“根深叶茂”的道理。到了衰老期，部分根系老死，向轴心收缩，萌生新的侧根代替原来的根根，同时，地上部也从根颈处萌生新枝代替衰老枝条。这种相关生长使茶树在修剪后能因树冠和根系生长的不平衡，起到激发地上部旺盛生长的作用。

表 35　根系和树冠生长的相关性

| 年龄 | 根长: 株高 | 根幅: 树幅 | 根: 冠干物重 |
|---|---|---|---|
| 一年生 | 1:089 | 1:0.73 | 1:1.13 |
| 二年生 | 1:1.16 | 1:0.72 | 1:1.39 |
| 三年生 | 1:1.27 | 1:0.80 | 1:1.06 |

（2）修剪调节茶树体内的碳氮比例，刺激营养生长。茶树生长发育中，碳氮比例较大时，倾向于生殖生长；碳氮比例较小时，倾向于营养生长。茶树栽培是以采叶为目的的，希望少花果而多芽叶。但是茶花从孕蕾到果实成熟，在树上长达 18 个月，而且是连年着生，周而复始，消耗的养料很多，如树上花果多，将会严重影响茶树的营养生长，降低鲜叶产量。茶树嫩叶含氮量高，老叶含碳量高，如顶部枝叶长期不修剪，就会使碳氮比上升，有利于花果生长而不利于营养生长。因此，为了少花果而多芽叶既要摘除花果，又要进行修剪，送增加枝叶数量使光合产生的碳水化合物下降，树体内水分和氮的含量相对上升，碳氮比相对降低；另外，剪后抽发的新枝，嫩度比原来的高，含氮的比率上升，这也促使碳氮比值变小，从而能够促进营养生长，抑制生殖生长。

（3）茶树体内糖分的消长。据日本赞井研究，叶的全糖量在 2 月份达最高峰，7 月中旬最低；根和茎的糖量高峰值虽不及叶，但规律相似；淀粉在根内的积累于 2 月份达最高峰，在叶、茎中的积累于 5 月份达小高峰。

根据江西黄积安的研究，福鼎种和上梅州种的总糖量都是从 11 月开始逐渐上升，1 月中下旬达最高值。1 月中旬以后，茶树体内的糖转化为可溶性以供新梢萌育之需。越冬叶的情况是：整个越冬期（11月至5月中旬），碳氮比值一直比较平衡（18.2～22.6∶1），其中氮含量在4月后下降（因为转移到新梢萌芽），而碳仍较稳定，此时碳氮比值升高。

上述实验证明茶树体内糖类积聚的最高峰是在1月中下旬到2月，以此时作为修剪时期是较为适宜的。

（4）茶树落叶规律。茶树一年中每月都在自然落叶，但有落叶高峰期。修剪应错开老叶脱落高峰期，以免叶指数骤然下降过多，光合量锐减，造成营养积累脱节。据研究，落叶高峰期在4～6月（见表36），此时正值春梢伸育和春茶采摘时期，头年老叶完成历史任务而脱落，同时，采摘和自然落叶使叶面积指数大为降低，所以这个时期不宜修剪。12～1月虽然落叶最少，但正值寒冬，亦不宜修剪。7～9月地上生长正旺，同样不宜修剪。实际上一年中适宜修剪时期只有2～3月和10～11月两段时间。

**表36　各月落叶比率**

| 月　份 | 1 | 2 | 3 | 4 | 5 | 6 |
|---|---|---|---|---|---|---|
| 落叶率（%） | 1.02 | 2.54 | 3.21 | 13.03 | 29.78 | 17.93 |
| 月　份 | 7 | 8 | 9 | 10 | 11 | 12 |
| 落叶率（%） | 12.34 | 7.78 | 6.26 | 4.06 | 1.44 | 0.61 |

（5）剪期要求的环境条件。四川地处北纬30度左右，剪期的气候条件也与其他茶区迥异。根据原灌县茶试站试验，以立冬和大雪修剪为最好（见表37）。灌县冬季较温暖（除1月外其余都高于10℃），光辐射也不太强（12～1月为4 053～4 406卡/平方厘米），有利于剪后的恢复。适宜剪口愈合的气温以7～12℃为好，相对湿度以80%以下为好。

表 37 不同修剪期新梢伸育情况

| 修剪季节 | 春芽萌动日 | 株高（厘米） | 株幅（厘米） | 新枝长（厘米） | 新叶片数 | 分枝数 | 分枝粗（厘米） |
|---|---|---|---|---|---|---|---|
| 立冬 | 3月7日 | 70.4 | 35.0 | 35.4 | 17.2 | 7.4 | 0.91 |
| 大雪 | 3月7日 | 64.8 | 32.5 | 35.3 | 17.1 | 6.9 | 0.39 |
| 小寒 | 3月7日 | 65.6 | 32.6 | 30.4 | 17.1 | 5.6 | 0.37 |
| 立春 | 3月10日 | 67.8 | 32.4 | 31.4 | 16.1 | 6.6 | 0.39 |
| 惊蛰 | 3月10日 | 73.2 | 28.1 | 30.1 | 15.8 | 6.3 | 0.41 |
| 立夏 | 3月12日 | 59 | 31.5 | 22.2 | 12.7 | 6.3 | 0.40 |
| 立秋 | 3月12日 | 41 | 29.5 | 10.6 | 7.4 | 4.3 | 0.25 |

云南由于春早，春剪效果不好，多在春茶后修剪。安徽冬季较冷，宜在晚秋修剪；江苏、浙江一带多在晚秋或早春修剪。

根据四川一般的情况，茶树体内养分积累在1~2月最高，落叶高峰在4~6月，剪后气温、湿度适宜有两段时间，即立冬—大雪，尺蛰—春分。所以一般宜采用早春剪或秋末冬初剪。早春剪时间短促，要抓紧时机，以免影响春茶发芽。冬天无冻害的地区宜于秋末修剪。但秋天不是养分积累高峰期，所以秋末剪不如早春剪好。

2. 修剪时期

茶树修剪时期最好选择在茶树地上部生长休止、根系生长活跃的时期进行，因为这个时候修剪，对地上部的损伤比较小，同时地下部根系生长活跃，吸收水分和养分的能力强，而且根系贮藏的营养成分也比较丰富。地上部经过修剪以后，其光合作用能力严重下降，新梢再生所需要的营养成分主要依靠根系供应。我国茶区进行茶树树冠修剪主要在三个时期：一是秋末冬初的10月至11月初；二是早春的2月中下旬至3月初；三是在春茶结束后的5月上中旬。不同时期修剪各有优缺点，而且与各地的气候条件和生产条件有关，可以根据具体情况进行选择。夏季由于气温高，同时也是旱、热害出现的主要时期，一般不在这个时期修剪。

茶树修剪最经常的作业是轻修剪。对于抗寒力强的茶树品种，在冬季气温不太低的茶区，可以采用秋末冬初进行轻修剪，因为这时茶树已经停止生长，修剪以后茶树在越冬期间逐步恢复，待春季来临新梢萌发早；与早春季节轻修剪的茶树相比较，秋末冬初轻修剪的茶树第二年春芽萌发可以提早3～5天，对提早春茶开采，增加早春季节的名优茶产量效果明显；但是，在秋末冬初轻修剪，修剪后会有部分芽梢萌发，这部分萌发的芽梢容易在冬季受冻害。所以气候温暖的茶区可以采用秋末冬初时期修剪；冬季温度低的茶区不宜提倡秋末冬初轻修剪，宜在早春或者春茶结束以后轻修剪。由于早春轻修剪影响春茶萌发期，为了提早春茶开采，增加早春名优茶产量，也可以在春茶后期提早停采春茶，进行轻修剪。因为夏茶的经济效益相对比较低，所以这些茶区在春茶后期轻修剪，既不影响春茶名优茶生产，也不耽误轻修剪作业。至于轻修剪的频率，不同地区的研究得出不同的结果，有人认为每年轻修剪一次，能有效控制茶树树冠高度，新梢粗壮、生长整齐一致，产量和品质都比不进行轻修剪或隔年轻修剪的茶园高；但也有人认为，隔年轻修剪的茶园茶叶产量比较高，因为每年轻修剪一次，茶树树冠面上的叶片数量减少，影响茶树的光合作用。不同茶区可以根据当地的条件选择适合于自己茶叶生产基地的轻修剪频率。然而，采用手工采茶与机械化采茶相结合的茶叶生产基地，如果轻修剪的间隔期长，树冠面不够平整，在树冠面上有突出的粗老枝梢，机械采茶时与嫩梢夹在一起被采收，影响制茶作业和产品质量，这些茶园应该提倡每年轻修剪一次。

深修剪、重修剪和台刈是茶树更新改造的方法，修剪以后当季没有茶叶收获，对当年的茶叶生产影响也比较大。为了减少由于深修剪、重修剪和台刈对当年茶叶生产的影响，而又能使深修剪、重修剪和台刈以后茶树得到较快的恢复，许多茶区的试验表明，在春茶生产将要结束的春茶后期进行深修剪、重修剪和台刈可以收到较好的效果。因为春茶的产值占全年产值的比例大，春茶生产基本完成以后进行修剪，对当年的茶叶生产影响比较小。但是，如果树势很衰弱、产量很低的台刈茶园，即使生产一季春茶，产量和产值都不大，经济价值不高，这些茶园应该选择在秋末冬初或者早春期进行台刈，更有利于台刈后茶树的恢复和更新。深修剪、重修剪和台刈的周期或频率，没有固定的模式，主要根据树势衰败的具体情况决定。原则是生产力没有明显衰退时不采用这些树冠更新措施。

3. 成年茶树的树冠形状

成年茶树树冠的形状涉及树冠面的形状和树冠面的高度等因素。各地对成年茶树树冠面的形状构造曾经有过很多尝试，有水平形、弧形和凹形等多种形式。但是由于凹形树冠面修剪操作比较困难，现在已经很少采用；目前采用的主要有弧形和水平形两种。有研究表明，弧形树冠面的总采摘面积比水平形树冠面大，但树冠不同部位的新梢生长状况有差异，即树冠中间的新梢长势比树冠两侧的新梢旺盛一些，容易导致新梢生长不均匀。水平形树冠面的茶芽平均密度较高，茶行中间和两侧的新梢生长比较一致，新梢的平均长度和重量都比较均匀，对夹叶比例也比较低。所以，其产量比弧形树冠面要高一些。但是，推广机械化采茶的茶园，由于采茶机具有一定弧度，必须采用弧形修剪。

成年茶树树冠面的高度因茶区的气候条件、栽培茶树品种和土壤肥力的差异而有所不同。土层深厚、土壤肥沃、种植乔木型或小乔木型茶树品种、气候温暖的茶区，茶树生长茂盛，树冠面的高度可以控制在90～100厘米，在良好的管理水平下，这种树冠产量高；但由于树冠高度较高，不便于采茶等田间作业。土壤肥沃、管理条件好、种植小乔木和灌木型茶树品种的长江中下游茶区，茶树树面可以控制在80～90厘米的高度，这种树冠面高度比较适合人工采茶和机械采茶，在良好的管理水平下，也可以达到高产优质的目标。而在土壤比较瘠薄、种植灌木型茶树品种、冬季气温低的江北茶区，树冠面高度可以控制在70～80厘米，这些茶园由于每年的生长季节比较短，树冠采摘面也比较小，可以通过提高种植密度的手段提高茶叶产量。

4. 成年茶树修剪的类型

成年茶树的修剪是在幼龄茶树或老茶树台刈更新后、经过定型修剪的基础上进行的，修剪的类型主要有轻修剪、深修剪、重修剪、台刈和疏枝等方式。

（1）轻修剪。轻修剪是在原来茶树树冠修剪面的基础上提高3～5厘米，按照树冠面要求进行水平修剪或者弧形修剪。剪去树冠面上突出的枝梢，控制树冠面高度，使树冠面平整，便于下一个生产季节采茶作业的进行；同时，通过修剪，也有利于调节树冠面上生产枝数量和粗壮度，使树冠保持强盛的育芽能力。在推广机械化采茶的绿色食品茶基地，轻修剪最好使用与采茶机弧度相配套的修剪机进行轻修剪，避免由于树冠面的弧度与采茶机弧度之间的差异而影响机械采茶的效果和质量。

①轻修剪次数：乔木型或顶端优势较强的品种，以年年修剪为宜；树龄较小，正当青壮年阶段，长势旺盛，则可隔年修剪，亦可年年剪；树龄较大，已到丰产年限的中后期，则宜年年修剪；采摘留叶较多，叶层较厚，蓬面升高较快的，宜年年修剪；肥培好，长势旺，制茶鲜叶要求壮芽型的，宜年年修剪；要求密芽型的，亦可隔年修剪。

②轻修剪强度：轻修剪的强度，应根据以下原则：第一，纬度和海拔。纬度越偏南、海拔越低的地方，茶树年生长量大，修剪宜重；纬度偏南而海拔高的，可略轻。第二，结合茶树品种进行采摘。品种为大叶种的，顶端优势强，年生长量大，修剪宜重；种植密芽型中小叶种的，修剪宜轻。采摘留叶较多的，修剪宜重；留叶少的修剪可略轻。第三，修剪后留在树上的生产枝数量和质量：要求修剪后的生产枝数不低于上年水平，剪后枝粗平均度上升；留桩部位以春梢为佳，因春梢生长慢，细胞结构致密，育芽基础好。

③轻修平：轻修平是轻修剪方式的一种，比轻修剪的程度还要轻一些，剪位介于上一次轻修剪和随后打顶之间的一半，剪位刚刚低于新采摘面提高部位的脚叶层或在顶部的绿色枝。

（2）深修剪。深修剪是对于那些经过多年轻修剪和采摘以后，树冠面形成了较多数量衰老的纤细生产枝和鸡爪枝，而新梢再生能力下降的树冠进行的修剪深度为10～20厘米的一种修剪方式。其目的是剪除这些衰老的细弱生产枝和鸡爪枝，使上层分枝重新再生组建健壮的生产枝层，较快地恢复茶树的生产力。深修剪的深度可以根据茶树的衰老程度合理掌握。修剪过深，再生的生产枝叶虽然比较粗壮，但恢复所需要的时间比较长；修剪过浅，达不到应有的效果，只要把树冠上的细弱枝、鸡爪枝全部剪除即可。选择合理的修剪深度，如果在秋茶结束以后或者春茶之前进行修剪，经过春茶和夏茶两个季节的生长恢复，秋茶即可恢复正常采茶。如果是在春茶结束以后进行深修剪，经过夏茶和秋茶两个季节生长恢复，第二年春茶即可开始恢复正常生产。深修剪后，对根系的再生也有促进作用，据试验，深修剪可使输导根增加14%，吸收根增加37%。

一般而言，在连续五年左右采摘和轻修剪之后，树冠面出现衰老现象，此时为深修剪适期；当然不能以年限为准，而应以树冠面上是否有较多的鸡爪枝、鱼骨枝、枯枝为主要依据。当这些枝条比率很高时，说明了树冠面生产枝需要更新，此时宜进行深修剪。深修剪的增产效果如表38所示。

**表38　深修剪的增产效果**

| 修剪时间 \ 效果 | 剪度 | 平均单产（千克）（77～77） | 为基本产量% |
|---|---|---|---|
| 春茶前深修剪 | 剪除鸡爪枝层 | 75.75 | 103.4 |
| 春茶后深修剪 | 剪除鸡爪枝层 | 102.70 | 180.8 |

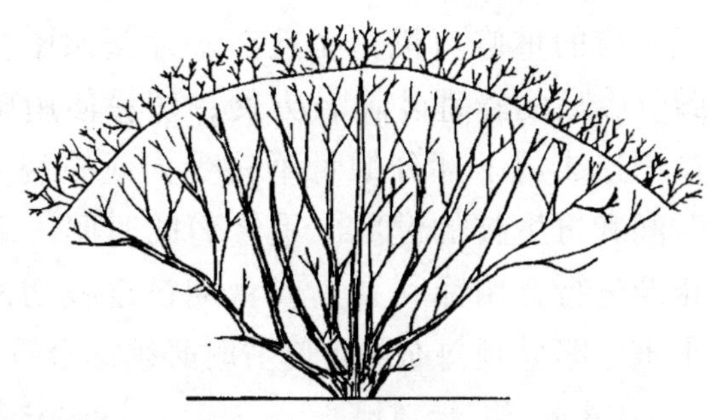
图 22　茶树深修剪

深修剪的剪位一般剪至上层分枝较粗壮处，剪后基本上失去了叶丛，而只剩下上层的分枝。依靠这些分枝上的不定芽，可以萌生新枝，重新形成生产枝层。所以重修剪的深度应该以消除衰老生产枝层为界限，不能过深或过浅。深修剪的次数也不能过于频繁，以免影响树势。

（3）重修剪。重修剪是针对那些骨干枝尚健壮，而上部分枝和生产枝衰败的半衰老或未老先衰茶树的一种改造措施，其方法是离茶树根茎上方 30 ~ 50 厘米将上部衰老枝条全部修剪除去，使骨干枝上的不定芽再生萌发重新组建新的树冠。它适用于树龄较大，整体长势不过分衰弱，只因管理粗放，分枝衰弱过稀，树冠面上生产枝萌发力弱，对夹叶多、产量低，或者受病虫害的影响落叶严重的茶园。重修剪的效果取决于修剪的高度，修剪的剪口离地太高，不能把上部衰败的枝条全面清除，以后又会从这些枝条重新萌发出生产枝，这些新萌发的生产枝由于源于那些衰弱的枝条，同样不会很健壮；修剪高度偏低，虽然新再生的枝条较为粗壮，但恢复时间比较长。正确的修剪高度的掌握可以根据茶树的具体长势和树相情况而定，控制在 30 ~ 50 厘米比较合适，衰老程度大的茶树可以修剪低一些，反之可以高一些。重修剪的工具最好使用专用的重修剪剪刀或相应的重修剪机，而且在一片茶园中修剪高度要整齐一致，今后的管理才比较方便；切忌使用柴刀或钩刀任意乱砍而造成留下部分的骨干枝受损或破裂，影响树冠的再生时间和再生枝的健壮。重修剪的时间一般在春茶采摘后休止期进行，用锋利刀具或台刈铗逐枝切割，要求切口光滑平整，略呈倾斜面，重修剪时必须结合重施肥料。

（4）逐枝修剪。对于树冠面只有部分枝条衰老的，可采用逐枝修剪方法剪弱枝，留壮枝。对突出枝、病虫枝可全部剪除；对过分密集的小桩进行疏剪；对鸡爪枝、枯枝进行短截；从树冠整体看，密处多剪，高处多剪、衰处重剪。这种方法比较精细，可用于轻修剪后剔除树冠内残存的废枝和生长势有所下降的壮年茶树，以及未老先衰的茶园。

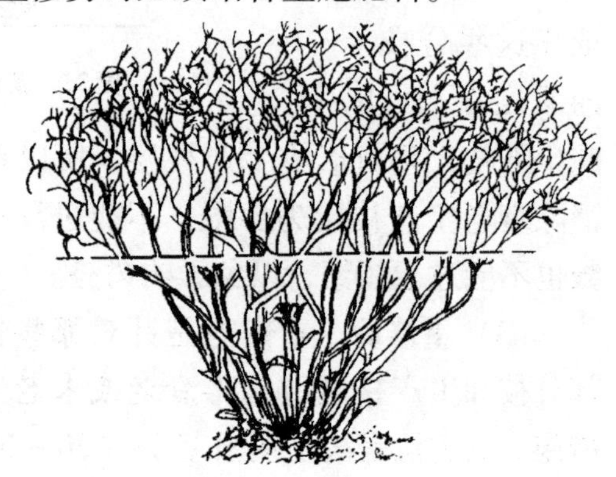

图 23　树重修剪

在进行这种修剪时要选好发芽部位，留下角度好、位点佳的生产枝。

（5）台刈。台刈是针对树势完全衰老的茶树，从离地10 厘米左右处将茶树树冠全部切除的修剪方式，是树冠修剪程度最深的一种方法。它适合于树龄大、主干灰白并长苔藓、中部分枝枯老、树冠面上新梢稀少而且细弱的茶树。因为这些茶树已经严重衰败，通过其他修剪方式或加强水肥管理也难以恢复树势，只有重新构建主干、骨干枝和生产枝才能恢复生产力。由于茶树根茎附近的主干比较粗大，台刈应该用专用的台刈工具，如台刈铗、锯或割灌机等，使用的工具一定要锋利，使切口光滑平整。切面可以呈一定斜度，但不撕破骨干枝，避免病虫侵袭，才能有利于切口愈合和不定梢的再生和树冠的重新构造，台刈后应该进行土壤深翻，并施基肥。施基肥的肥料种类和用量可以参考正常生产的成年茶树的基肥标准执行。台刈以后的田间管理，包括定型修剪、施肥和采摘可以参照幼龄茶树的管理。

有的衰老茶树在台刈前已从根颈部萌生许多自然更新枝，这些枝条如较为粗壮，而同株其他枝条已十分衰老，这种情况可用抽刈办法，剪老留壮，然后利用留下的自然更新枝进行定型修剪，组成新的树冠。

台刈的时间必须考虑刈后长出的新枝能否安全越冬，所以不宜在秋季进行；最好在春季台刈，使新枝通过一个生长年而木质化，第二年在此基础上进行定型修剪。台刈必须结合土壤改良和重施有机肥，以保证其剪后效果。

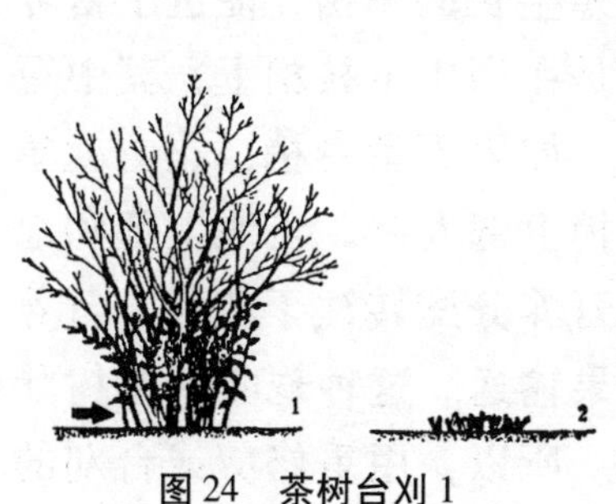


图 24　茶树台刈 1

图 25　茶树台刈 2

5. 衰老茶树再造树冠的修剪

我省古老茶区还有许多百余年以上的老茶园，树势衰败，采叶量很少，经济效益微薄。衰老茶树的重修剪是为了缓和其日益衰落的生长势，使之在一定程度上复壮树势，增加产量。

衰老茶树经过重修剪能在一定程度上复壮树势的原因是：

（1）茶树不同部位的细胞异质性。茶树的上下部枝条和同一枝条上不同叶位的芽，不仅部位上有差别，而且还有生物年龄和物理年龄上的质的差别。按照植物阶段发育的顺序性、不可逆性和局限性等规律，茶树上部枝条和同枝顶部的芽的物理年龄较幼嫩，而生理年龄却是较老的，即阶段发育的质的基础较为成熟；而这种质的差异不能通过细胞间的物质交流进行传递，只能从同阶段细胞分裂中再现。当老茶树剪去地上部 1/4 ~ 1/2 后，当年仍可开花；剪去 3/4，第二年才开花；剪去树冠大部或全部，第三年新枝才能孕蕾开花。所以进行重修剪或台刈后，阶段性较幼嫩的部位大量抽发新枝，营养生长十分旺盛。

（2）打破了营养生长和生殖生长的平衡，促进了营养生长。茶树的着花部位大多数是在当年生枝梢上，其中短枝多于正常枝，春梢多于夏梢。如果不留春梢，花蕾就集中于夏梢，而且着花部位向枝梢上部发展。当地上部和地下部生长相对平衡后，茶树的营养分配转注于花芽，营养芽发育减退，它的养分也向花果输送。这种现象从茶树壮龄时开始，一直持续到衰老期。所以，用重修剪或台刈的办法剪去地上部大多数枝条，使生殖生长的条件不复存在，从而促进茶树转入营养生长，组成新的树冠。

衰老茶树的修剪分为重修剪和台刈两种类型；国外还有一些辅助性的修剪方式如“冠心修剪”“预修剪”“边缘修剪”等，都属于台刈或半台刈的范畴。

衰老茶树的修剪，一是适当选用修剪的类型。凡树势衰老，但主枝尚强壮而分枝不能再利用的，宜采用重修剪方式，利用其主枝和低位分枝，较快地建成新的树冠。凡树势衰老，主枝侧枝均无利用价值的应选用台刈。二是重修剪和台刈并不能返老还童，恢复高水平的生长势和产量，因为生物的生长→发育→死亡是必然规律，通过台刈只能在一定程度上增强树势，提高产量；其利用年限也是有限的（一般只利用 1～2 个树冠周期）。所以对于十分衰老的茶树，最好挖掉重新种植。

6. 机剪技术

（1）采茶机、修剪机的使用

①机采茶园的修剪改造

手采茶园改机采茶园的修剪：生长健壮、未形成鸡爪枝、冠面比较平整的手采茶园，用修剪机进行轻修剪；树冠高低不平，已形成鸡爪枝层，中、下部各级分枝健壮的手采茶园，进行深修剪，剪去鸡爪枝，适当留养后机采；树势衰老、骨干枝尚健壮的手采茶园，进行重修剪；同时改土增肥，培养树冠；树龄较大，树势衰败的茶园，进行台刈改造，重新培育树冠。

机采茶园的年间修剪：每次机采后的 5～10 天，用修剪机进行一次修剪；每年机采结束后进行一次轻修剪，修剪深度 3～5 厘米。同时进行茶园行间和周边的修剪、清理。

②机采茶园的改造

机采茶园5年左右进行一次深修剪；10年左右进行一次重修剪；15～20年进行一次台刈。深修剪、重修剪和台刈，要求剪口平整，防止枝干撕裂。茶园修剪改造，应与改土、改园相结合，增施有机肥和磷钾肥。

③机采茶园的留养

机采茶园保持叶层厚度10厘米以上，叶面积指数3～4。留养方法：每年夏秋季留1～2片真叶采摘，2～3年留蓄一轮新梢。

④机采茶园的肥培管理

施肥标准：由上年鲜叶产量确定，每100千克鲜叶年施纯氮8～10千克，氮、磷、钾肥根据当地土壤状况合理配施；有机肥亩施饼肥150千克以上或土杂肥2 000千克以上。

⑤机采茶园的采摘

机采适期与采摘批次：机采适期根据品种、茶类、茶季、采摘批次等多种因子综合确定，春茶以一芽二、三叶和同等嫩度的对夹叶比例达70%～80%，夏、秋茶为60%时为机采适期。机采批次根据品种、茶类、新梢生育情况确定。

机采作业要点：机手根据身高、茶树高、树幅，将机器把手调节到最适宜位置。

每台双人采茶机配备3～5人；主机手后退作业，掌握采茶机剪口高度与前进速度；副机手双手紧握机器把手，侧身作业；其他作业者手持集叶袋，协助机手采摘或装运。每台单人采茶机配备2～3人；主机手背负采茶机动力，手拿采茶机头，由茶树边缘向中心采摘；副机手手持集叶袋，配合主机手采摘。树幅1米以上的茶园，每行茶树来回各采摘一次，去程采过树冠中心线5～10厘米，回程再采去剩余部分，两次采摘高度要保持一致。采口高度根据留养要求掌握，留鱼叶采或在上次采摘面上提高1～2厘米采摘。机采时，保持采茶机动力中速运转。

⑥采茶机和修剪机使用保养

采茶机、修剪机的选型配套：采茶机的选型根据茶园立地条件与树冠形状来选择，平地、缓坡条栽茶园选用双人采茶机，山地茶园选用单人采茶机；弧形树冠选用弧形采茶机、修剪机，平形树冠选用平形采茶机、修剪机。

修剪机器的台数及机种按茶园面积大小配置，见表39所示。

表39 茶园面积与机器台数按下表标准配置

| 作业种类 | 机 种 | 承担面积（亩/台） |
|---|---|---|
| 采 茶 | 单人采茶机 | ≤25 |
| | 双人采茶机（弧形、平形） | ≤80 |
| 轻修剪 | 单人修剪（修边）机 | ≤50 |
| | 双人修剪（弧形、平形） | ≤120 |
| 修 边 | 单人修剪（修边）机 | ≤200 |
| 重修剪 | 轮式重修剪机 | ≤120 |
| 台 刈 | 圆盘式台刈机 | ≤150 |

可供选用的采茶机和修剪机的型号 如表40、表41所列。

表 40　常用采茶机型号

| 操作形式 | 型号 | 刀片形状 | 切割宽度（毫米） | 配备动力（PS） | 重量（千克） | 生产厂家 |
|---|---|---|---|---|---|---|
| 单人采茶机 | AM－lOOO | 平形 | 340 | 1.7 | 12.3 | 浙江落合 |
| | NV45H | 平形 | 450 | 0.8 | 9.3 | 浙江川崎 |
| 双人采茶机 | HTCEZ－1090 | 弧形 | 1 000 | 2.3 | 13.8 | 江西洪都、 |
| | V8NEWZ2 | 平形 | 1 000 | 3.2 | 12.3 | 浙江落合 |
| | V8NEWZ2 | 弧形 | 1 000 | 3.2 | 12.3 | 浙江落合 |
| | PHVlOO | 弧形 | 1 000 | 3.0 | 12.9 | 浙江川崎 |
| | PHVlOOH | 平形 | 1 000 | 3.0 | 12.9 | 浙江川崎 |

表 41　常用修剪机型号

| 操作形式 | 型号 | 刀片形状 | 切割宽度（毫米） | 配备动力（PS） | 重量（千克） | 生产厂家 |
|---|---|---|---|---|---|---|
| 单人轻、深修剪 | E－7B－600 | 平形 | 600 | 1.2 | 5.3 | 浙江落合 |
| | E－7B－750 | 平形 | 750 | 1.2 | 5.5 | 浙江落合 |
| | PST75R | 平形 | 750 | 0.8 | 5.0 | 浙江川崎 |
| 双人轻、深修剪 | HTXJZ－1000 | 弧形 | 1 000 | 1.75 | 15.0 | 江西洪都 |
| | R－8GA | 平形 | 1 100 | 1.8 | 11.7 | 浙江落合 |
| | R－8GA | 弧形 | 1 100 | 1.8 | 11.7 | 浙江落合 |
| | PSM1110 | 平形 | 1 100 | 1.7 | 15.0 | 浙江川崎 |
| | PSM100H | 弧形 | 1 100 | 1.7 | 15.0 | 浙江川崎 |
| 重修剪 | XZ1200 | 平形 | 1 200 | 3.0 | 60 | 杭州采茶机厂 |
| 台刈机 | ZGC－0.9 | 困盘 | Φ250 | 1.1 | 8 | 神州建新机械厂 |
| 割灌机 | ZGC－3 | 圆盘 | Φ250 | 2.5 | 11 | 泰州林业机械厂 |

单人修剪机由汽油机、减速曲轴箱、切割刀片、机架组成，主要用于坡地和窄梯地茶园的轻、深修剪和平地茶园的修边作业。

双人修剪机由汽油机、机架、减速曲柄箱、刀片、吹叶风机组成，刀片分平形和弧形两种，平形修剪主要于平形树冠茶园的深、轻修剪，以及未成龄茶园的定型修剪，弧形修剪机主要用于弧形树冠茶园的轻、深修剪。

通常平形采茶机的作业效率为 1 333.4 米$^2$/（台·时），弧形采茶机 1 000 米$^2$/（台·时），单人采茶机为 266.7 米$^2$/（台·时），修剪机作业效率依作业条件和机型而异，双人修剪机作业效率为 1 333.4 米$^2$/（台·时），定型修剪可达 1 666.7 米$^2$/（台·时），单人修剪机作轻深修剪时，工效为 266.7 米$^2$/（台·时），作修边可达 1 333.4 米$^2$/（台·时），重修剪机工效为 1 000 米$^2$/（台·时），台刈机的作业效率为 266.7 米$^2$/（台·时），茶园所需采茶机修剪机的数量可根据采茶或修剪面积、作业时间和机械的工效以及日工作时间计算：

$$\text{机器数量}=\frac{\text{采茶（修剪面积 667 米}^2\text{）/作业时间（天）}}{\text{工效〔667 米}^2\text{/（台·时）〕}\times\text{日工作时间（时）}}$$

（2）机械化采茶、修剪无公害作业要求

①防止燃油污染茶园。修剪和采茶机械采用二冲程汽油机作动力，均使用混合油燃料〔汽油和机油容积比为（15～20）∶1〕，由于机器本身的油箱较小，需带备用油料到茶园中。燃油必须盛放在能够密闭的金属容器中，避免翻倒溢出，污染茶园，加注燃料时不得在茶行中进行。

②使用无铅汽油。由于采茶、修剪机的废气直排在茶园中，而茶叶是对铅敏感的作物，绿色食品和有机茶对铅的限量标准很高，因此必须使用无铅汽油作混配燃料，防止废气的铅对茶树造成污染。

（3）采茶机、修剪机的使用要点。采茶前，机手要进行岗位培训，并熟读使用说明书；熟悉机械性能，掌握开、关机程序，刀片间隙调整，注意事项等操作要领。机器作业时，要注意人、机安全，机手与辅助人员要密切配合，换袋、出叶、调头、换行、间休等非有效作业时间，要关小油门，停止刀片运转，以防伤人；茶园中的铅丝、铁器等坚硬杂物，应在平时或事前清除。各种修剪机械和采茶机械作业，要求操作人员技术熟练，保证质量。应采用无铅汽油和机油，防止汽油与机油污染土壤和茶树。

采茶机、修剪机的保养：机器在使用前、后都要对各部件进行严格检查，如发现机件损坏和紧固件松动、脱落，应及时更换与调整，不允许机器带病或缺件工作。采茶机、修剪机每天使用后，要清洁机体，用清水洗净刀片上的茶汁，擦干后在注油孔注入机油。严格按使用说明书要求，定时定期进行保养。

防止刀片润滑时对鲜叶的污染。采茶机、修剪机刀片每隔几小时需要加油润滑，提倡使用刀片专用油，它具有无色、无味、对人体无害等优点，不会影响鲜叶的质量，采用机油润滑时做到少添勤加，防止过量的机油污染鲜叶。

做好机器的清洁工作。每次采茶修剪后，清除上、下刀片及护板上的茶浆，防止滋生细菌等有害物质，保持刀片卫生、干净，防止刀片锈蚀，延长刀片的使用寿命。

收集鲜叶的容器必须干净、透气。使用竹制或藤等天然材料编成的筐、篮等盛装鲜叶，防止茶叶受压升温而发生品质劣变，不得使用农药、化肥包装袋盛装鲜叶。

7. 修剪后的管理

（1）修剪后的肥培管理。茶树修剪后打破了有机体的平衡，对树体产生不同程度的损伤，为了使剪后恢复快，生长好，达到预期目的，就必须加强肥培管理。

施肥量的多少在一定程度上与剪后的恢复生长成正相关，剪位越深，施肥量应越多。据原浙江农业大学在衢江区调查，茶树重剪后施氨水150千克比不施肥的，效果要好得多（见表42）。施肥量的确定应因地制宜，但不能少于最低限度，如台刈后，每亩至少放有机肥（厩肥）1 500千克或饼肥100千克，加尿素7.5千克，过磷酸钙50千克，于修剪前结合冬季深耕时施下，以改良土壤，增加土壤内矿质元素贮量，为剪后恢复树势提供养料。重修剪和深修剪对树体创伤亦重，也应重施有机肥料。

表42　施肥量的确定

| 项目 / 类别 | 修剪高度（厘米） | 树高×树幅（厘米） | 骨干枝数 | 当年新梢长（厘米） | 展叶数片 | 20平方厘米内芽数（个） |
|---|---|---|---|---|---|---|
| 施肥 | 50 | 76×96 | 39.7 | 19.2 | 7.3 | 48.0 |
| 不施肥 | 49 | 66×94 | 39.6 | 17.1 | 7.0 | 26.0 |

（2）修剪后的树冠培养

①台刈后的培养。春天台刈的，当年新梢可高达50厘米，秋末可打顶，但必须使新梢留够20厘米以上（指剪口以上20厘米，即离地55厘米左右），年末在离地45～50厘米处剪第二次。第三年春、夏二季留真叶2片采茶，季末在离地55～60厘米处剪平树冠。以后可进行正常的留养采摘。

②重修剪后的培养。重修剪后留桩在50厘米以下的，需培养两层骨干枝，一般应留养一年，秋末在剪口以上提高12～14厘米剪平定型，然后再培养一季，提高10厘米剪平，然后投产。重修剪后采摘留养十分重要，一般均应留

真叶1~2片，以养蓄分枝。

③深修剪后的培养。深修剪后一般留养一季不采茶，然后于秋末剪平，培养新的生产枝层，第二年投产如初。

(3) 其他管理。一是衰老茶树是病虫蔓延的场所，通过台刈、重剪，可剪除病虫枝，集中烧毁或沤肥。修剪后的嫩枝新叶最容易遭受病虫危害，必须注意，及时进行防治。二是修剪后还要做好耕作、除草、灌溉、防冻等工作，使修剪效果更好。

## 三、茶树采摘

茶叶是饮料，特别讲究品质。茶树是以采芽、叶为主的经济作物，芽、叶为营养器官，也是收获的部分，其采法不同、采的部位不同、采期不同，其制成的茶叶产品品质有很大差异。

茶叶品质好坏取决于制茶原料和加工技术。原料品质的好次，首先要看茶树品种的好坏；其次要看茶树生长的自然条件和管理技术；最后还要看采茶技术是否合理。茶叶采好采坏，不但影响茶叶产量和品质，而且影响茶树的生长发育，也影响制茶成本和整体的经济效益，而其中茶叶品质的好坏，受采摘技术的影响最大。

由茶树营养芽萌发而成的新梢是营养器官。叶子是进行光合作用、制造有机物质的重要场所。利用光能把水和二氧化碳转变为碳水化合物，供应茶树各器官的营养，人们从茶树新梢上采下一部分“芽叶”，势必影响一部分营养器官，降低光合作用，影响有机物质的形成，有碍茶树的生育。所以茶叶采摘既要采叶又要留叶。

新梢在一年中受各季节自然条件的不同影响，芽叶生育极度不一致，性状不一，有大有小，有嫩有老（粗），有长有短，内含成分也各有异，变化大，伸缩性广，它并不像大田作物的谷粒或果树的果实，有很明显而固定的收获对象，一旦成熟便可采收。人们采收“芽叶”，因采期不同、采法不同，就有不同性质的芽叶，从而影响茶树生育，影响当时或后期的产量和品质。如采的茶叶粗大，新梢上留叶少，产量虽然较高，但品质大幅度下降，得不偿失。

（一）合理采摘

1. 合理采摘的概念

合理采摘是指在一定的环境条件下，通过采摘技术，借以促进茶树的营养生长控制生殖生长，协调采与养、量与质之间的矛盾，从而达到多采茶，采好茶，提高茶叶生产经济效益的目的。其主要的技术内容，可概括为标准采、适时采和留叶采三个方面。

标准采是指按茶叶加工需要的嫩度要求从茶树树冠面收获茶树新梢。成品茶的品质，受加工技术影响，但鲜叶原料的嫩度、匀度、新鲜度等对成品茶的质量更为重要。一般来说，采摘细嫩的芽叶，茶多酚、咖啡碱、氨基酸、儿茶素等影响茶叶品质的重要化学成分含量高，内质好；但采摘嫩度高，往往产量较低；而采摘粗老，多糖类、纤维等含量高，新梢重量大，产量较高，而有效成分含量低，内质差。也就是说，茶叶产量的高低，品质的优劣，收益的多少，一定程度上是由采摘标准决定的。所以，在生产实践中，合理制定并严格掌握采摘标准是非常重要的。我国茶类众多，不同茶类由于品质风格各异，对鲜叶采摘标准的嫩度要求有很大差别。

2. 合理采摘的作用

在同一地区，同一茶树品种，同一树龄，加工同一茶类，因采法不同，留叶不同，所得到的产量和品质差异很大。不合理的粗摘滥采，造成茶叶品质下降，影响内外销市场，对长期生产也极为不利。因此，茶叶采摘必须因地、因树、因茶类而进行合理采茶，才能兼顾采茶过程中各方面的矛盾。

就国内外茶叶生产的发展和对于比较多的茶类而论，合理采茶的原则：采下的芽叶，能适应某一茶类加工原料的基本要求；通过采摘，能够持续不断地优质高产高效，并且能借以调节一季一年与比较长期的产量、品质之间的矛盾；通过采摘，能不断促进茶树新梢萌发，有利于茶树正常生长，增加树冠上新梢的密度和强度，有利于增加采收次数，延长采期，并能借以调节茶树生长势，促进茶树生长健壮，延长经济年龄；能够适当兼顾同一茶类，不同等级或者不同茶类的加工原料，能借以调节当地采制劳力的安排，提高劳动生产率。

总之，合理采茶是一定条件下，在有较好栽培管理的各种采摘茶园上，通过人为采摘，能够显出比较长期的良好的综合作用，能够适当调节茶叶产量与品质之间的矛盾和茶树生育各方面的矛盾，能获得持续高产优质的制茶原料，取得以较高效益，采留结合，产量与质量并举，长短兼顾为目的的一种良好的采茶制度。

名优茶类，采制精细，品质优异，经济价值高，这些都是我国茶叶生产的一大优势。近年来，名优茶发展迅猛，不但一些传统名茶产区不断扩大，单产提高，而且还不断开发了新的名优茶品种。名优茶加工对鲜叶的嫩度和匀度要求高，有些要求只采初萌展的壮芽或初展的一芽一、二叶。这种细嫩采标准，季节性强，多在春茶前期采摘。

目前内销和外销的大宗红、绿茶类，如眉茶、珠茶、花茶、功夫红茶、红碎茶等是我国产量最大的茶类品种，它们对鲜叶原料嫩度要求适中，一般是待新梢展叶到1芽2~3叶或1芽4~5叶时，采摘1芽2~3叶的幼嫩的对夹叶。在实际运用时，还应按季节迟早和成品茶不同级别的要求而灵活掌握。一般春茶前期，采制特级茶和一级茶以采1芽2叶为主。春茶中期采制2~3级茶，以采1芽2~3叶和对夹叶为主。春茶后期，采制4~5级茶，以采1芽3叶和对夹叶为主。这种按茶叶加工原料要求分时期采用不同采摘标准采收茶叶的采摘制度，被称为按标准分批及时采。这种采茶制度，质量和数量容易得到比较好的协调，是大宗茶类生产值得推广的采摘制度。

3. 合理采摘的原则

（1）按茶类要求严格标准采原则。茶叶品质标准首先取决于采摘标准，使茶叶加工原料符合品质要求。采摘标准是依生产茶类、茶树生长状况，当地气候和新梢生育特点来确定的。我国制茶种类多，同一茶类又有很多等级，采茶标准很不一致。但大体上可分为细嫩采，适中采和成熟采三种标准。

细嫩采标准是指茶芽初萌，或嫩梢开展1~2嫩叶时掐采，所采下的细嫩芽叶多数制成特级名茶。

适中采标准是当前中外红绿茶最普遍的标准，较好的是从新梢上采下1芽2叶，较次的为1芽3叶和细嫩对夹叶。

成熟采标准依茶类不同而有较大差异，采制乌龙茶须待新梢成熟，顶芽已成驻芽，叶片大部已展开，采下1个驻芽和2~3叶片，或3~4叶片，采制边销茶、砖茶的原料，待新梢充分成熟，基部已木质化时进行割采。

（2）依树龄、树势重视留叶养树原则。种茶是为了采收量多质优的芽叶。采茶是目的，养树是手段，留叶是为了更多的采叶。茶树采叶与留叶依树龄、树势的不同而有差别。

（3）掌握季节分批多次采原则。茶树具有多年、多季和多批采收的特点，每季每批的采收都要不失时机，及时按标准采下，特别在气温较高的季节更要注意。一般茶园有10%~15%新梢达到标准，就应开始采摘。茶树芽叶由于着生部位不一致，萌芽有先有后，所以按标准采就是要分批多次采。分批因天气和茶树实际情况而异。春茶一般每隔2~3天采一批；夏茶每隔3~7天采一批；秋茶每隔6~7天采一批。

（4）讲究采摘手法，逐步推行机采原则。采茶手法的好坏，对合理采茶的影响很大。用手扭采，捋采，破坏树冠的培养，损伤茶芽，采下的芽叶老嫩不一，又多破碎，老叶、梗子一把抓，既有碍茶树生长，又影响茶叶的产量和品质，所以必须讲究采摘手法。采茶季节性强，技术要求高而且费工，随着茶叶生产专业化程度以及茶园面积和单产水平的不断提高，利用机采逐步代替手工采茶，已势在必行。今后建设新茶园应选用发芽齐一的无性系良种，便于机采的进行，现有茶园从手采过渡到机采，栽培上对树冠要有一个培养过程，首先要采用轻修剪或深修剪平整树冠，使之适应机采的要求，树冠愈强壮平整，就愈有利于机采。

（二）采摘方法

我国目前茶叶采摘的方法，可分为手采法、机采法和刀割法三种。由于刀割法对茶树生长不利，且采摘质量相对较差，不适应绿色茶品茶的生产需要，以下主要介绍前两种方法。

1. 手工采茶法

手工采茶法是我国传统的采摘法，各地方法很多，常因茶树树龄、树势和所制茶类对鲜叶原料嫩度要求不同而不同。手采法的特点是：采摘精细，批次多，采期长，产量高，质量好，适于高档茶，特别是名茶的采摘。因此，尽管手工采茶法工效低，但由于我国茶区大多分布在山区，受茶园地势条件和茶叶生产机械设备投资等因素的制约，机械化采摘还不能普及，手工采茶仍然是最主要的手段。

(1) 手工采茶法的基本方法。手工采茶按采茶作业的手势划分有单手采和双手采两种。按茶树新梢上留叶数量的多少，又有以下几种形式：

①打项采。一般是幼龄茶树或者重修剪、台刈以后的茶树用以协助定型修剪而进行的采茶方式，在每轮新梢生长即将结束、新梢展叶 5～6 片叶子时，采去 1 芽 2～3 叶，留下基部 3～4 片以上大叶。打顶采摘的要领是“采高养低，采顶留侧”，其目的是“促进分枝，培养树冠”。这是一种以养为主的采摘方法，一般宜在一、二足龄茶树和更新复壮茶树（更新后一、二年）上采用。

②留叶采。也称留大叶采。当新梢长到一芽三、四叶或一芽四、五叶时，采去一芽二、三叶，留下基部一片或二片大叶。留叶采摘法常因留叶数量和留叶季节的不同而又分为留一叶采摘法和留二叶采摘法等多种。这种采摘方法的特点是：既注意采摘，也注意养树，采养结合，一般视树龄、树势状况而分别加以运用。

③留鱼叶采。指当新梢长到一芽地、二叶或一芽二、三叶时，采下一芽一、二叶或一芽二、三叶，只把鱼叶留在树上。这是一种以采为主的采摘法，是名优茶和一般红、绿茶的基本采摘方法。

（2）手采法的具体应用

①幼年茶树的采摘。幼年茶树的特点是主干明显，顶端优势突出，分枝疏少，树冠尚未定型，系茶树的培养阶段。采摘的目的是促进分枝，培养枝冠，是定型修剪的补充。因此，一般宜采用打顶采或留叶采方法。

幼年茶树一般在第二次定型修剪后，开始打顶采摘。长势强的茶树，春末时即可打顶，留下三四片叶子。夏、秋梢留二三片叶子采摘。如果茶树势长势弱，春茶期间不打顶，延迟到夏茶时开始打顶。茶树经第三次定型修剪后，骨干枝已基本形成，可进行留叶采摘，春、夏季各留二叶采，秋季留一叶采。当茶树树冠结构已基本形成，但仍需培养扩大，宜采用春留二叶，夏留一叶，秋留鱼叶的采摘方法。

②成年茶树的采摘。茶树进入成龄阶段后，树冠进一步扩大，枝叶茂密，生长旺盛，根系发达且布满行间，茶叶产量逐年增长，直至达到高峰。成年阶段是茶树高产、

稳产时期，经济年龄的主要阶段。采摘的任务就是尽可能多地采收质量好的鲜叶，延长高产、稳产时期，应贯彻“以采为主，多采少留，采养结合”的原则。因此，采摘方法，应以留鱼叶为主，并在适当季节辅以留一叶采摘。

③老年茶树的采摘。老年茶树树冠的特点是生机开始逐渐衰退，枝梢随树龄增长而日益衰老，育芽能力减弱，芽叶变小，对夹叶大量出现，树冠鸡爪枝逐渐形成，部分骨干枝出现衰亡和自然更新现象。茶树的衰老期是相当长的，对这类茶树的采摘，应根据衰老的程度而灵活掌握。茶树衰老前期，树冠还比较宽阔，枝杆尚有一定的育芽能力，能维持一定的产量水平，宜采用留鱼叶采摘和集中留叶的方法，一般多在春、夏季留鱼叶采，秋季停采集中留养。茶树衰老中期，树冠鸡爪枝大量形成，育芽能力明显减弱，产量显著下降，这时，须在春茶前进行深修剪，剪后当年宜采用留一至二叶采摘。第二年在春、夏期间留一叶，秋茶期间留鱼叶采。第三年后可按成年茶树采摘方法进行采摘，这样，一般可维持3～5年树势。茶树衰老后期，树冠枝梢逐渐衰亡，出现自疏现象，育芽能力很弱，产量很低，品质下降，此时，应根据实际情况，有的需要进行重修剪和台刈，重新培养树冠，有的则需要改植换种。

④更新复壮后茶树的采摘。重修剪或台刈后的茶树，在修剪后的第一、二年内生长旺盛，顶端优势突出，采摘的目的，主要是为了促进分枝，培养树冠，宜采用打顶采。春茶前进行重修剪的茶树，在当年夏、秋季即可打顶，留三、四片叶子采摘。第二年在春茶留二叶，夏茶留一叶，秋茶留鱼叶采。第三年在春茶和夏茶留一叶，秋茶留鱼叶

采。第四年以后可按成年茶树采摘方法进行。台刈后的茶树，当年一般只养不采，或在秋季后期打顶。第二年进行打顶采，春梢留三、四片叶采摘，夏、秋梢一二叶采摘。第三年采用春留二叶，夏留一叶，秋留鱼叶采。第四年采用春茶和和夏茶留一叶，秋茶留鱼叶采摘。第五年开始，可按成年茶树采摘方法采摘。

2. 机械采茶法

我国自20世纪50年代末开始对采茶机进行了研究，近年来机械化采茶推广进展较快，已在部分地区和茶场较大面积上应用，取得了良好效果。由于机械采摘工效高，节约劳动力和生产成本，所以它必然是绿色食品茶企业今后采茶的方向。

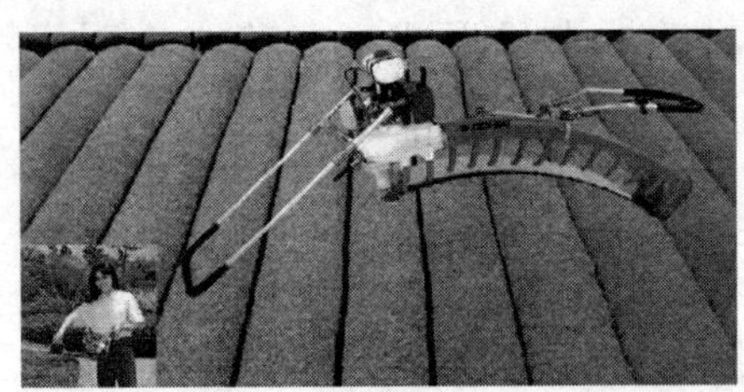

图26 茶园机采1

图27 茶园机采2

在无性系良种茶园，合理地利用采茶机收获茶树鲜叶，具有增产、提高采茶工效、降低成本和提高品质的效果。浙江省宁波福泉山茶树良种场1991年因自然灾害全场平均减产12%，而3龄以上的10.1公顷机采茶园平均单产比全场平均产品税量增加10.7%。重庆狭江市茶技术站1991年的实验结果表明，在夏茶和秋茶应用机械采茶，茶叶产量比手工采茶分别高15%和85%（见表43）。采茶工效比较结果也表明，一般机械采茶的工效比手工采茶高6~15倍；

机械采茶的采茶成本（工资、能源、机械折旧等）比手工采茶低30%左右。机械采茶的鲜叶质量不但不比手工采茶低，如果茶园面貌良好、技术掌握熟练，茶树鲜叶质量还会有所提高。1990年，浙江奉化茶场机械采茶与手工采茶毛茶等级比较表明，采用机械采茶加工的毛茶全年平均等级比手工采茶其加工的毛茶提高一个等级（见表44）。所以，只要应用得当，机械采茶对茶叶产量和品质都不会产生不良影响，是提高茶叶生产经济效益的重要手段之一。

表43　重庆狭江市茶技站机械采茶与手工采茶产量比较（1991）

| 茶类 / 采摘方式 | 夏茶 | | 秋茶 | |
|---|---|---|---|---|
| | 总产（千克） | 每667平方米产量（千克） | 总产（千克） | 每667平方米产量（千克） |
| 机械采茶 | 3 108.0 | 103.6 | 1 830.0 | 61.1 |
| 手工采茶 | 1 080.4 | 90.03 | 675.4 | 56.3 |
| 增产（%） | | 15 | | 8.5 |

表44　浙江奉化茶场机械采茶与手工采茶毛茶等级比较（1990）

| 品种 / 茶类 | 福鼎 | | 鸠坑 | |
|---|---|---|---|---|
| | 机械采茶 | 手工采茶 | 机械采茶 | 手工采茶 |
| 春茶 | 3等 | 3等 | 4等 | 4等 |
| 夏茶 | 9等 | 10等 | 10等 | 11等 |
| 秋茶 | 8等 | 10等 | 10等 | 12等 |
| 全年平均 | 6.7 | 7.7 | 8 | 9 |

为了使机械采茶这项技术得到合理应用，各个绿色食品茶基地在应用时应该注意以下几个问题：

（1）选用无性系良种茶园推广机械采茶。发芽期差异大、植株高矮悬殊的种子繁殖茶园采用机械采茶，工效低、质量不好控制。无性系茶树良种与种子繁殖的茶树相比，具有发芽整齐、新梢长势旺盛的特点，适合于机械采茶。浙江奉化茶场对无性系品种“迎霜”和种子繁殖品种“鸠坑”两种茶园的机械采茶比较试验表明，“迎霜”茶园的单位面积产值和利润分别比“鸠坑”茶园高46.4%和144.4%。说明不同茶树品种茶园应用机械采茶的效果有明显差异，应该首选不性系茶园推广机械采茶，才能收到最佳效果。

（2）提高施肥水平，提高茶树鲜叶的持嫩度。机械采茶要求茶树新梢有一定长度，如果施肥水平低，即使将新梢留养到要求的长度，但茶树新梢容易出现老化，品质得不到保证。推广机械采茶的茶园施肥水平应该比手工采茶的茶园高10%~20%。

（3）掌握适宜的开采时期。合理的开采时期应该使茶叶的产量、品质和工效都得到很好的协调。机械采茶的茶园，在新梢成熟度高的时候开采，茶叶产量比较高（见表45），90%以上新梢符合采摘标准时开采的茶叶产量比40%新梢符合采摘标准时开采的产量增加107%以上。但由于茶叶的主要化学成分大多数随着鲜梢成熟老化而降低（见表46），茶叶品质也随之下降。从反映茶叶产量和品质的综合指标产值分析，春茶80%左右新梢符合采摘标准时开采、夏茶60%左右新梢符合采摘标准时开采，产值比较高。各地可以根据茶园面貌和加工茶类情况确定每个季节机械采茶的开采时期。

表 45　机械采茶不同开采时期对茶叶产量的影响

| 开采期（符合采摘标准的新梢比例）% | 春茶试验区 | | 夏茶试验区 | |
|---|---|---|---|---|
| | 667 平方米产量（千克） | 比值（%） | 667 平方米产量（千克） | 比值（%） |
| 40 | 205 | 100.0 | 222 | 100.0 |
| 60 | 288 | 140.7 | 280 | 126.1 |
| 80 | 336 | 164.0 | 409 | 184.0 |
| 90 以上 | 426 | 207.7 | 460 | 207.2 |

表 46　机械采茶不同开采时期对茶叶化学成分的影响（%）

| 开采期（符合采摘标准的新梢比例）% | 春茶 | | | | 夏茶 | | | |
|---|---|---|---|---|---|---|---|---|
| | 水浸出物 | 茶多酚 | 氨基酸 | 黄酮类 | 水浸出物 | 茶多酚 | 氨基酸 | 黄酮类 |
| 40 | 44.03 | 28.68 | 2.17 | 3.14 | 45.85 | 32.61 | 1.11 | 4.57 |
| 60 | 44.03 | 28.47 | 1.95 | 3.32 | 44.36 | 30.94 | 1.08 | 4.68 |
| 80 | 44.45 | 28.79 | 1.93 | 3.30 | 44.78 | 29.79 | 1.09 | 4.70 |
| 90 | 44.47 | 29.14 | 1.70 | 3.23 | 43.08 | 28.79 | 0.96 | 4.78 |

（4）合理选择采茶机及其与之配套的修剪机。一个茶叶生产基地可以根据机械采茶推广面积要求选择合适数量的采茶机型及其与之配套的修剪机。表 47 提供了部分常用每台采茶机和修剪机适宜的面积资料，可供实施参考。

表 47　不同采茶机和修剪机的适用配套面积

| 作业种类 | 采茶机种 | 年承担面积（公顷/台） |
|---|---|---|
| 采茶 | 单人采茶机 | 1.3～1.7 |
| | 双人采茶机 | 4.0～5.3 |
| 轻修剪 | 单人修剪机 | 2.0～2.3 |
| | 双人修剪机 | 6.7～8.0 |

（续表）

| 作业种类 | 采茶机种 | 年承担面积（公顷/台） |
|---|---|---|
| 修边 | 单人修剪机 | 10.0～13.3 |
| 重修剪 | 轮式重修剪机 | 6.7～13.3 |
| 台刈 | 便携式割灌机 | 6.7～10.0 |

（5）手工采茶与机械采茶相结合。由于目前名优茶生产仍然是提高茶叶生产经济效益的主要手段之一，各个绿色食品茶基地可以根据当地名优茶生产的品种和销售状况，在春茶早期适当采摘部分名优茶，为了保证机械采茶产品的质量，名优茶的产量比例可以控制在全年总产量的5%左右。

（6）机械采茶的批次。在国外，尤其是机械采茶推广普及的日本，每年机械采茶的次数为5次，由于他的施肥水平相对比较高，而且主要以蒸青茶生产为主，新梢原料的长度比我国生产炒青、烘青和乌龙茶等可以长一些，所以我国每年的机械采茶间隔时间可以适当短一些，每年采6～7批；在早春手工采收名优茶的地区，由于前期采收了一段时间的名优茶原料，春茶可以机采2批，夏茶机采1批，秋茶机采2批，全年机采5批。南方生产季节长的茶区每年可以增加采收一次。

3. 名特优茶的采摘

我国名特优茶品类很多，品质各异，其品质形成与茶树品种、自然环境和栽培技术有密切关系，尤其与独特的采制技术有关。一般名茶都以鲜叶细嫩、均匀著称。采摘甚为精细，采得早，摘得嫩，拣得净是其主要特点。但由于各种名特优茶品质风格独特，加工工艺精湛特殊，对鲜叶原料又有特定的要求，因此，各种名特优茶的采摘在嫩度和时间上颇有殊异。

（1）以采芽为对象的名优茶，有湖南君山银针、四川蒙顶石花等。君山银针采摘要求很严，于清明前后，用特制小竹篓盛茶，篓底垫纸，以防磨损茸毛。选晴天上山采摘，茶芽要求粗壮重实，每个茶芽由3~4片叶裹住，长25~30毫米，宽3~4毫米，采时用手指轻轻将芽攀断，忌用指甲掐采，以防破伤。通过近年实践总结提出“八不采”规程，即雨天不采，细瘦芽不采，紫色芽不采，风伤芽不采，虫伤芽不采，开心芽不采，有病弯曲芽不采。采回后即行拣剔，除去杂劣，随即交付加工。蒙顶石花采摘也甚讲究，采时留鱼叶，采芽尖，不带真叶。

（2）以采细嫩芽叶为对象的名优茶，有杭州西湖龙井、江苏洞庭碧螺春、安徽黄山毛峰、太平猴魁、老竹大方、南京雨花茶、河南信阳毛尖、湖南安化松针和高桥银针等。采摘均以一芽一叶或一芽二叶初展的细嫩芽为对象。芽叶细嫩纯整，如高级龙井采一芽一叶，叶如旗，芽尖细似枪，炒制500克“明前龙井”需3.5万~4万个茶芽。500克高级碧螺春，要细嫩“雀舌”6万~7万朵。猴魁的采摘有拣山、拣果、拣枝、拣芽“四拣”的经验，采摘标准为一芽三四叶，采回后进行拣尖，即在嫩梢一芽二叶的基部折断，老叶制魁片，经过拣尖，芽叶大小划一，外形整齐，品质一致。

（3）以采嫩叶为对象的名优茶，有安徽六安瓜片等。瓜片选采新梢的单片制成。采摘分采片与攀片两个过程。采片：采摘约在谷雨到立夏之间，在茶树上选取即将成熟的新梢，按顺序采下新叶片，梗留在树上。但一般带嫩茎一并采下，携回经攀片，使芽、茎、叶分开。攀片：鲜芽叶采回后摊放在阴凉处，待叶面水湿晾干，将断梢上的第二叶到第三四叶和茶芽，用手一一攀下，第一片制“提片”，品质最好；第二片叶制“瓜片”，品质次于提片；第三四片制“梅片”，在梅雨季节采制的也称梅片，品质较差；芽制为“银针”。攀片实际是对鲜叶进行精细的分级，将老嫩分开，便于炒制，并使品质整齐纯一。

（4）以采成熟嫩梢为对象的特种名茶，有闽北武夷岩茶、闽南安溪铁观音等。岩茶选采优良品种的鲜叶或以单株的鲜叶为原料，采摘标准为 3 ~ 4 叶对夹；安溪铁观音以采三叶对夹为标准，四叶以上的对夹只采三叶，选明朗的北风天采摘。

图 28　标准化茶园（日本）

图 29　标准化茶园（中国）

图 30　标准化梯形茶园

（三）鲜叶的运送

刚采摘下的鲜叶，由于呼吸作用仍然在继续进行，糖类等化合物分解，消耗部分干物质，放出热量，如不采取必要的管理措施，就会造成鲜叶温度升高影响品质。如果使用的贮运容器透气性差，使茶叶因呼吸作用而升温，产生不愉快的水闷味，或发生红变等，使鲜叶失去鲜爽度，从而使茶叶失去加工、饮用价值。防止鲜叶变质的办法就是将采摘下的鲜叶用通风良好的竹制或藤编的篓筐存放，切忌用塑料袋和不卫生、有异味的容器具装运。装运过程要做到轻装，并使采下的鲜叶及时快速运至加工厂进行处理或加工。对于临时不能运送而滞留在茶园的鲜叶，不得在日光下暴晒、雨淋。

绿色食品茶的鲜叶验收，重要的是把好鲜叶的来源关，确认茶叶是否来自绿色食品茶认证基地，并同时检查采摘匀净度、新鲜度等。不合格的鲜叶另行堆放、单独另行加工处理。运送茶叶时应做到不同茶园、不同品种、不同嫩度的鲜叶分开盛装，做到轻装快运。盛装茶叶的器具必须洁净，一般每筐装 25 ~ 30 千克鲜叶为宜。

# 第四章　茶园病虫草害的无公害治理

## 第一节　茶叶公害的来源

茶叶污染主要来源于产前、产中和产后，产前即鲜叶生产阶段，产中即加工污染，产后即储运污染和销售污染等方面。产前污染是导致茶叶污染最为严重的阶段，是茶叶污染的主要来源。产前污染可分为环境污染和人为污染。

### 一、环境污染

#### （一）大气污染

空气中的有毒物质飘移在茶园上空，或者随雪花、雾滴、雨滴坠落在茶叶表面，一些物质还可能渗入茶叶组织内，使茶叶中有毒物质增加。在工业区附近的茶园，由于工业废气中含有大量的硫、氟、砷等有害元素，对茶叶的污染十分严重。汽车排出的废气中含有大量的铅等重金属元素，磷肥厂的废气中含有多种有毒物质，这些物质附着在茶叶表面，或以沉积物的形式黏附在叶面，或者渗入叶片组织内，均会造成污染。特别是鲜叶采摘期，被污染的鲜叶直接加工成成茶，导致成茶污染。

#### （二）水源污染

水对茶叶的污染主要来自灌溉水。工业废水、生活废水、下水道的水源等均能不同程度地污染茶叶。酸雨中含有大量的有毒物质，降到茶树上同样导致茶叶污染。一般而言，天然水源，泉水属清洁水源，除极少数水源中含有过量的重金属元素外，都属无污染水源。在全球工业发达的今天，工业废水、工业垃圾、工业遗弃物对水源的污染十分严重，但由于茶树一般离城市较远，用工业废水灌溉的可能性小，因此，废水作为灌溉水污染茶叶的概率较低。

（三）土壤污染

土壤是植物生长的基础，土壤中的营养、水分、矿物质是植物生长发育的基本条件。植物从土壤中吸收需要的物质，一些重金属及有毒物质也随之进入植物体内，导致茶叶污染。土壤中重金属的含量高低，直接关系到茶叶重金属的含量。国际上成茶铅含量检出量在 5 ~ 10 毫克/升之间。我国标准为低于 5 毫克/升。土壤中的其他重金属元素也直接影响到茶叶中的重金属含量，因此，茶园选择应对土壤进行检测。

被工业废水污染的土壤不能作为茶树栽培基地，废水中的重金属元素、有毒物质可以被土壤吸附或与土壤胶体结合，形成难以降解的物质长期残存于土壤中。施于土壤中的农药、化肥对土壤的污染也不可忽视，一些高残留剧毒农药在土壤中的残留时间很长，往往造成茶叶中农药残留（以下简称“农残”）上升。化肥对土壤的污染主要是造成土壤中矿质元素失调，使一些元素积累过高，不利于根系微生态环境中营养循环。一些化学肥料使土壤中亚硝酸盐上升，直接污染植物产品。

土壤中的营养成分、矿物质含量、有机质含量直接影响到土壤微生物的群落结构和营养循环。土壤的成分、结构及矿物质含量不仅关系到茶树的生长，而且直接关系到茶叶的内质成分和含量，对成茶质量有十分重要的影响。

## 二、人为污染

人为污染即化学物质污染。这是茶叶产前污染和成茶污染的主要来源。化学污染包括农药、化肥、化学激素、化学叶面肥等。用于防治茶树病虫、草害的化学农药包括杀虫剂、杀菌剂、杀螨剂、杀线虫剂、除草剂等，这些农药都不同程度地污染鲜叶，并残留在成茶产品中。目前，国内外已禁止使用数十种高毒、高残留的化学农药品种，特别是一些毒性高，降解慢的有机氯、有机磷和菊酯类农药被逐渐禁用。化学激素在茶叶上普遍使用，不少化学激素对人畜有害，对茶叶污染严重。化学叶面肥中往往含有一些重金属元素，有毒化合物。在病虫害严重发生时，茶农基本上每一周至两周需要喷药一次，显然鲜叶上就会有或多或少的农药残留。另外，残留在土壤中的有机氯农药时隔20多年，仍可污染茶叶，并能从土壤和茶叶中检出。

产中和产后污染，包括加工过程中造成的污染，以及储运、销售过程中造成的污染。制茶设备、包装材料、储运条件等等，均可能不同程度地污染茶叶，但是，这种污染容易被克服。除化学物质对茶叶的污染外，有害微生物的污染也不可忽视。在制茶过程中，大量微生物混入成茶，同样需要加工、包装、储运的无害化操作。

# 第二节　茶园病虫草害的主要类别、形态特征及发生规律

茶树是多年生的经济作物，茶树种植历史悠久，茶园分布范围较广，东起台湾，南至海南，西自西藏自治区米林，北至山东荣成，生长环境多属于亚热带、暖温带和热

带气候。茶园生态条件及所处的生态系统相对稳定，茶园生态系统中的动植物和微生物具有丰富的生物多样性，有利于茶园各种有害生物的滋生和繁衍。据不完全统计，茶树害虫有430余种，茶树病害100余种，茶园杂草30余种。

## 一、茶树害虫的主要类别、形态特征及发生规律

茶树害虫种类繁多，为害方式也多种多样。按不同的分类标准可以分为不同的类别，通常我们以害虫的取食方式和为害茶树的部位，可将茶树害虫分为四大类：吸汁害虫、食叶害虫、钻蛀害虫和地下害虫。

### （一）吸汁害虫

吸汁害虫一般具有刺吸式口器，以口针吸取茶树汁液，致使芽叶萎缩，生长停止，叶片脱落，其中以叶蝉类、螨类、粉虱类、蚧类、蓟马类为害较重。

1. 叶蝉类

小绿叶蝉俗称浮沉子，是在全国茶区发生普遍而且严重的一种害虫，其种类很多。浙江等茶区以小绿叶蝉为主，四川、安徽、广东、湖南、广西等茶区以假眼小绿叶蝉为主。

叶蝉类的为害状　以成虫和若虫刺吸茶树新梢汁液，导致被害嫩叶失绿，叶脉变红、叶质粗老、质地变脆，芽叶萎缩并枯焦，直接影响茶叶产量和品质。发生代数多，对夏秋茶构成严重威胁。除为害茶树外，还为害花生、烟草、棉花、桑、猪屎豆等植物。

叶蝉类的形态特征　①成虫：成虫分为小绿叶蝉和假眼小绿叶蝉两种。小绿叶蝉体长3.3～3.7毫米，淡绿至黄绿色。头部有一个“山”形白纹，复眼灰褐色。前胸背板

近缘常有3个淡白色斑点，小盾片上有3条白色纹，中央有一白色纹和一横刻痕；前翅绿色半透明，后翅无色透明，有珍珠光泽。假眼小绿叶蝉成虫体长3.5~4.0毫米，黄色至黄绿色。头顶中部有一对绿色小斑点，头及前胸背板无淡白色斑点，仅小盾片中央及端部有淡白色斑点。前翅透明，前缘基部绿色，翅面微黄，端部稍呈烟褐色。②若虫：初期为乳白色，逐渐变黄绿至绿色，3龄时显露翅芽，5龄时翅芽长度达第五腹节。③卵：香蕉形，长度约0.8毫米，初为乳白色，逐渐转为淡绿色，孵化前前端出现1对红色眼点。(见彩图13)

叶蝉类的发生规律　一年发生9~17代，以成虫在茶树、杂草及其他植物上越冬，但在广东和云南茶区无明显的越冬现象。在每年早春气温回升转暖时成虫开始取食，补充营养，茶树发芽后成虫开始产卵，产卵期长，世代重叠发生，直至秋末冬初茶树新稍停止生长为止。常年有1~2个虫口高峰期，通常发生在5月下旬至6月下旬和10月下旬至11月下旬。成虫和若虫均具有趋嫩性，多栖息在芽叶背面，以第二、三叶虫口居多，产卵于第一至第三嫩茎皮层下、叶柄及主脉中；喜横向爬行，怕光、怕雨湿，雨天、阳光强烈时不活动。时晴时雨，留养及杂草丛生的茶园容易发生；在高温干旱或阴雨连绵气候条件下不易于繁殖。

2. 螨类

螨类不是昆虫，而是属于蛛形纲、蜱螨目、体形很小的一类有害生物。主要种类有茶橙瘿螨、茶跗线螨、茶短须螨和咖啡小爪螨等几种，其中尤以茶橙瘿螨发生最为严重，其次是茶跗线螨。螨类由于体形小、数量大、代数多、繁殖快，所以，比较难控制。

茶橙瘿螨的为害状　成螨、幼螨和若螨吸取茶树嫩叶和成叶的汁液，使叶片失去光泽，叶背出现褐色锈斑，芽叶萎缩、芽梢停止生长，发生严重时枝叶干枯，茶园呈现一遍铜红色，引起茶树大量落叶。除茶树外，还为害油茶、檀树、漆树及多种杂草。

茶橙瘿螨的形态特征　①成螨：体形小，肉眼看不清，长约0.14毫米，宽约0.06毫米，体前端稍宽，向后渐细呈胡萝卜形，橘红色，前体段有2对足，后体段有许多环纹，体上具有刚毛，末端一对较长。②幼、若螨：体长约0.08~0.1毫米。乳白色至淡橘黄色，足2对，后体段环纹不明显。③卵：为球形，直径为0.04毫米，无色透明，水珠状。(见彩图14)

茶橙瘿螨的发生规律　一年发生20~25代，以各种虫态在叶背越冬，但在南方茶区无明显的越冬现象。在每年早春气温回升转暖时成虫开始活动取食，发生期各种虫态混杂，世代重叠发生，直至秋末冬初茶树新稍停止生长为止。常年有1~2个虫口高峰期，通常发生在5月下旬至6月下旬和8~10月。具有趋嫩性，以第二、三叶虫口居多，也可为害成叶。幼螨和若螨多栖息在芽叶背面，成螨在叶正面也可在叶背面栖息。产卵多在叶脉两侧或凹陷处。时晴时雨，留养和幼龄茶园发生较重；暴雨后虫口急剧下降，高温干旱不利于发生。

茶跗线螨的为害状　又名茶黄螨，分布在多数茶区，其中以四川茶区发生较重。主要为害幼嫩芽叶，使叶片色泽变黄，叶质硬化变厚，叶背出现铁锈色，叶尖扭曲畸形，新梢僵化，芽叶萎缩、生长缓慢，甚至停止。除茶树外，还为害柑橘、黄麻、橡胶、番茄、马铃薯等多种作物及杂草。

茶跗线螨的形态特征　①成螨：雌成螨呈椭圆形，体形小，长0.2~0.25毫米，宽0.1~0.15毫米，淡黄或淡黄绿色。体背中央有乳白色条斑，第四对足纤细；雄成螨呈菱形，长0.16~0.18毫米，体形扁平，第四对足粗长。②幼、若螨：幼螨近圆形，乳白色，足3对；若螨近椭圆形，乳白色，后体段背部有白色云状斑。③卵：为椭圆形，长为0.1~0.11毫米，宽0.07~0.08毫米，乳白色，半透明，表面有许多白色圆点整齐排列成网状花纹。

茶跗线螨的发生规律　四川一年发生20~30代，世代重叠，以雄成螨在茶芽鳞片、叶柄、缝穴、杂草及蚧类的蚧壳下越冬。在每年早春气温回升至10℃以上时开始活动取食。四川茶区在7月中旬为发生盛期，浙江在9~10月为发生高峰期。具有趋嫩性，以第一至三叶虫口居多。以两性生殖为主，雄成螨常背负雌若螨，待雌若螨蜕皮变成雌成螨后即行交尾，产卵于芽尖或嫩叶背面；也能营孤雌生殖。留养茶园和幼龄茶园发生较重；干旱有利于发生；降雨时间长、雨量多，则对其发生不利。

茶短须螨的为害状　又名茶红蜘蛛，分布在多数茶区。主要为害老叶和成叶，也可为害嫩叶。使叶片失去光泽，主脉和叶柄变褐色，叶背常出现紫褐色突起斑，后期叶柄霉烂引起落叶。严重时引起成片落叶，甚至形成光杆。除茶树外，还为害桃、柿、沙梨、山楂、檀树、杜鹃等多种观赏植物及杂草。

茶短须螨的形态特征　①成螨：雌成螨呈长卵形，长0.27～0.31毫米，宽0.13～0.16毫米，红、暗红、橙色，体形扁平。体背有不规则黑色斑块，有四对足，近第二对足的基部有半球形红色眼点1对。雄成螨体形略小于雌螨，末端尖呈契形。②幼、若螨：幼螨近圆形，长0.11～0.18毫米，宽0.08～0.1毫米，橙红色，足3对，体末端3对毛发达，2对呈匙形，中间1对呈刚毛状；若螨体背有黑色斑块，橙红色，足4对，体末端3对均呈匙形状。第一代若螨近卵形，长0.17～0.22毫米，宽0.10～0.12毫米，第二代若螨形似成螨，只是腹末较成螨钝。③卵：为椭圆形，长为0.08～0.11毫米，宽0.06～0.08毫米，表面光滑，鲜红色，孵化前变淡，卵壳白色，半透明。

茶短须螨的发生规律　一年发生6～7代，以雌成螨群集于近地面的根部越冬，少数在茶树上叶背或落叶中越冬；但在海南茶区，无明显越冬现象。在每年4月份，越冬雌成螨开始向茶树叶片上迁移，开始多栖息于茶树中、下部的叶背面及正面，以后逐渐向上迁移。雄成螨很少出现。在平均气温28～30℃时，各种虫态及世代历期为：卵期6天；幼螨期3天；若螨期8天；孕卵期2天；完成一代为19天。雌成螨寿命长，一般35～45天，长者可达70天，越冬成螨则可达6个月以上，而且产卵期长，因此发生期虫态混杂，世代重叠。高温干旱有利于发生；低温多雨则对其发生不利；茶园管理粗放、杂草丛生及其他病虫害严重的情况下也重。

咖啡小爪螨的为害状　分布在广东、广西、福建、云南、江西、台湾等茶区。主要为害嫩叶和成叶。使叶片变红、暗红，失去光泽，叶面有白色尘状物及细微的蜘蛛丝，后期质变硬，干枯易脱落，严重时引起成片落叶，甚至形成光杆。除茶树外，还为害咖啡、合欢、山茶、柑橘、橡胶等植物。

咖啡小爪螨的形态特征　①成螨：雌成螨呈椭圆形，长0.4～0.5毫米，宽0.15～0.23毫米，暗红色，体背有4列纵形细毛，体末端呈阔圆形，有四对足。雄成螨体形较小，末端稍尖。②幼、若螨：幼螨近圆形，长约0.2毫米，宽约0.1毫米，鲜红转暗红色，足3对；若螨外形与成螨相似，长0.2～0.26毫米，宽0.13～0.15毫米，暗红色，足4对。③卵：为近圆形，直径为0.11毫米，红色，上方有一根白色细毛。

咖啡小爪螨的发生规律　在福建一年发生15代左右，全年虫态混杂，世代重叠，在冬季无明显休眠现象。各虫态和世代历期因季节不同而异，在7月份完成一代约12天，在10月份完成一代平均为18天。雌成螨寿命为10～30天。雌成螨以两性生殖为主，也可营孤雌繁殖，但未受精卵孵化后为雄虫。卵散产于叶面，多在主脉附近及凹陷处。日产卵1～6次，每次1粒，每雌螨平均产卵40粒，多的可达百余粒。幼螨经2～3次蜕皮变成成螨，该螨喜阳光，多分布在茶丛上部，活动性强，并能吐丝下垂。夏季高温炎热对其发生不利，秋后气温下降，天气干旱气温回升。全年以秋后至春节前为害最重。

3. 粉虱类

粉虱类的主要种类是黑刺粉虱，在全国主要产茶区均有分布。以幼虫刺吸叶片汁液，分泌物诱致煤病。被害叶片正面覆盖一层污煤状霉层，叶背有黑色椭圆形虫体，虫体周围有一圈白色蜡圈。发生严重时芽梢停止萌发，使树势衰退，引起大量落叶，使茶叶严重减产。除为害茶树外，还为害柑橘、山茶、油茶、白杨、梨、柿等植物。

黑刺粉虱的形态特征　①成虫：体长1～1.3毫米，橙黄色。体表覆盖有薄粉状蜡粉。复眼红色，前翅紫褐色，周围有7个斑点，后翅淡紫色，无斑纹。②幼虫：初孵期体长为0.25毫米，长椭圆形，扁平光滑，有足，体呈乳黄色，然后逐渐变成黑色，体背出现2条白色蜡线，周缘出现白色细蜡圈，后期背侧面生出刺突。1龄体背侧面有6对刺，2龄10对刺，3龄14对刺。成长后幼虫体长约0.7毫米。③卵：为香蕉形，长度0.21～0.26毫米，基部有一短柄与背相连，初为乳白色，逐渐转为黄褐色，孵化前呈紫褐色。④蛹：椭圆形，长约1毫米，蛹壳为黑色，有光泽，周缘白色蜡圈明显，壳边锯齿形，体背隆起，通常附有2个幼虫蜕皮壳。背脊两侧有19对黑刺，周缘有刺，雌蛹11对，雄蛹10对。（见彩图15）

黑刺粉虱的发生规律　一年发生4代，以老熟幼虫在茶树叶背越冬。在每年3月化蛹，4月上中旬成虫羽化，第一代幼虫在4月下旬至5月上旬开始发生。第一至第四代幼虫发生高峰期分别在5月下旬、7月中旬、8月下旬和9月下旬至10月上旬。成虫飞翔力强，白天活动，晨昏则停息在芽梢叶背。卵多产于成叶、老叶或嫩叶背面，每雌产卵20粒。黑刺粉虱喜荫蔽的生态环境，在茶丛中下部的虫口分布较多，上部较少。

4. 蚧类

蚧类是一个包括很多种类的大类群，主要的种类有：盾蚧科的长白蚧、椰圆蚧、蛇眼蚧，蜡蚧科的角蜡蚧、红蜡蚧、日本龟蜡蚧等。蚧类以雌成虫和若虫吸食茶树汁液，致使树势衰弱，芽叶瘦小、叶片稀少，严重时茶树成片枯死。蚧类的体表会形成一层盾蚧、蜡壳或蜡丝，虫体就匿藏在下面。这种盾壳和蜡壳对虫体起着保护作用。在喷药时农药就不会直接接触虫体，因而很难奏效。这里主要介绍角蜡蚧、椰圆蚧、长白蚧和日本龟蜡蚧

角蜡蚧的为害状：又名白蜡蚧。全国茶区均有分布。其中以西南茶区发生较重。以雌成虫和若虫吸食茶树汁液，并可诱致煤病发生，影响茶树光合作用，致使树势衰弱，芽叶瘦小、叶片稀少，严重时茶树成片枯死。除为害茶树外，还为害油茶、柑橘、苹果、梨、桃等多种树木。

角蜡蚧的形态特征　①成虫：雌成虫蜡壳厚，灰白色，稍带粉红色，直径5～9毫米，背面中央呈角状突起。周围有8个小角状突起。以后角状突起消失，蜡壳呈半球形，淡黄色。雌成虫为红褐至紫褐色，体长4～5毫米。雄成虫为赤褐色，体长1毫米，有1对半透明的翅。②幼虫：初孵期体长为0.3～0.5毫米，长椭圆形，足发达，体呈红褐色，腹末有2根尾毛，蜡壳呈放射状突起。雌若虫蜡壳近圆形，2龄若虫蜡壳中央有角状突起，3龄时略向前倾；雄成虫蜡壳呈长椭圆形，周围有15个呈星芒状的蜡突。③卵：为椭圆形，肉红至红褐色（见彩图16～17）。

角蜡蚧的发生规律　一年发生1代，以受精雌虫在茶树枝干上越冬。四川于每年4月中旬开始产卵，5～7月若虫

大量出现。浙江于 4 月下旬开始产卵，6 月上旬至 7 月孵化。每个雌虫产卵 1 771~ 5 603 粒，卵期平均 30 天，雄虫多分布在叶面主脉两侧，雌虫多分布在枝干上，以茶丛中下部居多。大雨或暴雨对初孵的若虫不利，可以大量减少虫口基数。

椰圆蚧的为害状 又名琉璃盾蚧、茶圆蚧。全国大部分茶区有分布。以雌成虫和若虫吸食茶树汁液，被害叶正面呈黄绿色斑点，叶背有许多黄色蚧壳和虫体，严重时使树势衰弱，新梢停止生长，叶片大量脱落，甚至新梢枯死。除为害茶树外，还为害油茶、柑橘、香蕉、杧果等多种树木。

椰圆蚧的形态特征 ①成虫：雌成虫呈卵形，扁平，前端圆，后端稍尖，鲜黄色，直径 1.2 ~ 1.5 毫米；其蜡壳圆形，薄而扁平，直径约 1.7 毫米，半透明，中央有 2 个黄色壳点。雄成虫呈橙黄色，复眼黑褐色，有 1 对半透明的翅，腹末有针榨交尾器；其蜡壳椭圆形，长径约 0.7 毫米，黄色，中央只有 1 个黄色壳点。②幼虫：初孵时淡黄绿色，后转黄色至褐色，椭圆形，扁平。③卵：为椭圆形，黄绿色，长约 0.2 毫米。

椰圆蚧的发生规律 一年发生 2 ~ 3 代，以受精雌虫在树上越冬。2 代区（贵州）各代若虫发生盛期分别为 5 月上旬和 8 月上旬。3 代区各代若虫发生盛期分别为 5 月中旬、7 月中下旬和 9 月中旬至 10 月上旬。雌成虫经交尾后陆续产卵，每个雌虫产卵数为：越冬代 80 ~ 100 粒，第一代 70 余粒，第二代 60 ~ 80 粒。初孵若虫多爬至茶树中下部叶片背面，然后固定为害，少数为害枝干。杂草丛生、通风不良、潮湿的茶园发生较多。

长白蚧的为害状　又名梨长白蚧、茶虱子。全国大部分茶区均有分布，江南茶区发生较重。以雌成虫和若虫吸食茶树汁液，在叶缘锯齿间、叶主脉两侧以及枝条上布满白色至灰白色介壳。致使树势衰弱，芽叶瘦小，对夹叶增多，严重时大量落叶，枝梢枯萎，甚至全株死亡。除为害茶树外，还为害山楂、柑橘、苹果、柿、李等多种树木。

长白蚧的形态特征　①成虫：雌成虫介壳呈纺锤形，前端有长椭圆形壳点，为若虫蜕皮壳。介壳下有一暗褐色的盾壳。成虫雌雄异态，雌成虫无翅，犁形，体长 0.6 ~ 1.4 毫米；雄成虫体长 0.48 ~ 0.66 毫米，淡紫色，有 1 对白色半透明翅。②幼、若虫：雌虫共 3 龄，雄成虫共 2 龄。初孵时淡紫色，眼暗紫色，触角、口针和足均发达，腹末有 2 根尾毛。1 龄末期体背覆盖一层白色介壳。2 龄若虫触角和足均消失，除白色介壳外，前端有一淡褐色的蜕皮，3 龄若虫呈淡黄色，梨形。③卵：为椭圆形，淡紫色，长 0.2 ~ 0.27 毫米，宽 0.09 ~ 0.14 毫米。④蛹：淡紫色至紫色，体细长 0.66 ~ 0.85 毫米，触角、足及翅芽明显，腹末有一针状交尾器。

长白蚧的发生规律　一年发生 3 代，以老熟若虫和蛹在茶树枝干上越冬。每年 3 月中旬至 4 月中旬雄成虫羽化。各代若虫发生盛期为因不同茶区各异：在湖南分别为 5 月中旬、7 月上中旬和 8 月下旬至 9 月中旬；在浙江则分别为 5 月下旬、7 月下旬至 8 月上旬、9 月中旬至 10 月上旬。各虫态的历期为：卵期 11 ~ 20 天；幼、若虫期 23 ~ 32 天（越冬代可达 6 个月）；雄成虫寿命为 0.5 ~ 1 天。完成一代历期雌雄虫各不相同：雌虫 70 天至 8 个月；雄虫则只有 51 ~ 58 天。雌成虫经交尾后陆续产卵，卵产于介壳内，每个雌虫产卵数为 10 ~ 40 粒。台刈茶园以及幼龄茶园发生较重。还有荫蔽、偏施氮肥的茶园发生较多。

日本龟蜡蚧的为害状　又名龟甲蜡蚧，全国各产茶区均有分布。蚧类以雌成虫和若虫吸食茶树汁液，并诱致煤病，致使树势衰弱，芽叶瘦小、叶片稀少，严重时茶树成片枯死。除为害茶树外，还为害山茶、柑橘、苹果、柿、桑等多种树木。

日本龟蜡蚧的形态特征：　①成虫：雌成虫呈椭圆形，暗紫褐色，体长 2.5 ~ 3.3 毫米，触角 6 节，其中第三节最长，几乎为其余各节之和；其蜡壳呈椭圆形，白至灰白色，长 4 ~ 6 毫米，背面突起有龟甲状凹纹，中央隆起，边缘蜡层厚而弯曲，由 8 小块组成，每小块间有白色小点。雄成虫呈棕褐色，体长 1.0 ~ 1.3 毫米；其蜡壳呈椭圆形，长约 3 毫米。②幼、若虫：初孵时淡红褐色，眼深红色，触角及足淡灰白色，椭圆形，扁平。③卵：长椭圆形，淡橙黄色至紫红色，长约 0.27 毫米。④蛹：椭圆形，紫褐色，长 0.9 ~ 1.2 毫米。

日本龟蜡蚧的发生规律　一年发生 1 代，以受精雌虫在茶树枝干上越冬。四川于每年 5 月开始产卵，6 月为产卵盛期，6 月中旬至 7 月中旬为若虫发生高峰期。卵产于介壳内虫体下，一般每个雌虫产卵 1 000~ 2 000 粒。初孵若虫仍留在母壳内，数天后才从壳中爬出，经 1 ~ 2 天活动后固定于新梢叶面为害，并分泌蜡质，逐渐形成蜡壳。雌雄若虫均分布在沿叶脉附近，8 月份雌虫陆续转移到枝干上为害，而雄若虫仍留在叶面化蛹、羽化。一般气温在24℃，相对湿度为80%时有利于孵化；高温干旱则不利于卵孵化，并导致大量死亡。

5. 蓟马类

蓟马类主要的种类是茶黄蓟马。茶黄蓟马主要分布在广东、广西、贵州、江西、浙江、福建、海南等茶区。以成虫和若虫吸取嫩叶、茎的汁液，在茶叶背部出现两条至多条红褐色纵纹，叶正面突起，严重时叶片卷曲、僵硬，新梢萎缩。除为害茶树外，还为害山茶、苹果、葡萄、杧果、花生、相思树等多种植物。

茶黄蓟马的形态特征　①成虫：体长约0.9毫米，橙黄色。触角8节，复眼稍突出，单眼鲜红色，呈三角形排列。前翅淡黄色，透明细长，周围密生细刺毛。腹部第2～7节背面各有一暗褐色斑纹。②若虫：初孵时为乳白色，后转为黄色。③卵：为肾脏形，淡黄色。

茶黄蓟马的发生规律　在广东一年发生10～11代，无明显越冬现象。以9～10月发生较多。成虫活泼，日夜活动，卵多单粒散产于叶背叶脉或叶肉中。1～2龄若虫和成虫为害，3～4龄若虫不取食。一般在荫蔽茶园、幼龄茶园以及留养茶园发生较重。

6. 蚜虫

蚜虫又名茶二叉蚜，俗名为腻虫、蜜虫、油虫；是茶园中普遍发生的一种虫害，以成虫和若虫刺吸新梢汁液为害，为害后使新梢萎缩卷曲。此外，由于新梢上聚集有大量黑褐色茶蚜，所排泄的蜜露会污染茶梢，使成茶品质下降，并会诱致煤病发生。除为害茶树外，还为害油茶、咖啡、可可、杧果、榕树等多种植物。

蚜虫的形态特征　①成虫：分有翅蚜和无翅蚜两种，有翅蚜成虫体长约1.6毫米，黑褐色，翅透明有光泽，前翅中脉分二叉，腹部背侧有4对黑斑。无翅蚜棕褐色至黑褐色，体长约2毫米，体表多细密淡黄色横列网纹。②若虫：有翅蚜若虫棕褐色，翅蚜乳白色；无翅蚜若虫淡黄至浅棕色。1龄若虫有触角4节，2龄若虫有触角5节，3龄若虫有触角6节。③卵：为长椭圆形，黑色有光泽，长约0.6毫米，宽约0.2毫米。（见彩图18）

蚜虫的发生规律　一年发生20多代，以卵在叶背越冬。南方多以无翅蚜越冬，或无明显越冬现象。每年2月下旬开始孵化，3月上旬盛孵，4月下旬至5月下旬为发生高峰期，夏季虫口稀少，10～11月再度回升。前期均为孤雌生殖（胎生），只有最后一代为营有性生殖（卵生）。成、若虫多聚集在新梢嫩叶背面为害，并产卵于叶背，通常是十余粒至数十粒产在一起。一般在台刈复壮茶园、幼龄茶园以及留养茶园发生较重。

（二）食叶害虫

食叶害虫具有咀嚼式口器，嚼食芽叶，直接构成减产。其中以尺蠖类、毒蛾类、卷叶蛾类、刺蛾类、蓑蛾类和象甲类为害较重。

1. 尺蠖类

尺蠖类是茶园中发生很普遍的一类食叶害虫。它的幼虫只有两对腹足，在爬行的时候提背拱起是此类幼虫的识别特征。主要种类是茶尺蠖和油桐尺蠖。

茶尺蠖的为害状　又名茶尺蛾，俗称拱拱虫。安徽、江苏、浙江、江西、福建、四川等茶区均有分布，其中以安徽、江苏、浙江等茶区发生较重。幼虫咬食叶片，各龄期的为害状不相同：1 龄时，集中为害，咬食嫩叶上表皮和叶肉，呈褐色小凹斑；2 龄咬食叶缘形成缺刻；3 龄咬食后留下主脉；4 龄后连叶柄甚至枝皮一起食尽；严重时，可使茶树枝干光秃，形如火烧，树势衰弱，造成夏秋茶减产。除为害茶树外，还为害大豆、芝麻、豇豆、向日葵等。

茶尺蠖的形态特征　①成虫：体长 9 ~ 12 毫米，翅展 20 ~ 30 毫米，体翅灰白色，均密被鳞片。秋季发生的虫体较大，灰褐色。前翅内横线、外横线、外线、亚外缘线黑褐色，波纹状，外缘有 7 个小黑斑。后翅外缘有 5 个小黑斑。②幼虫：体长 26 ~ 30 毫米，1 龄幼虫体黑色，胸腹各节有环列白色小点和纵行白线；2 龄幼虫体呈深褐色，体上白色小点和白线不明显，第一腹节背面有 2 个不明显的黑点，第二腹节背面有 2 个深褐色斑；3 龄幼虫体呈茶褐色，第一腹节背面的黑点明显，第二腹节背面有“八”字形黑纹；4 ~ 5 龄幼虫体呈淡茶褐色或灰褐色，第二至第四腹节有灰黑色菱形斑纹，第八腹节黑纹明显。③卵：椭圆形，长约 0.8 毫米，初产时鲜绿色，后渐变黄绿至灰褐色。经常数十粒、数百粒成堆。④蛹：长椭圆形，长 10 ~ 14 毫米。(见彩图 19)

茶尺蠖的发生规律　一般一年发生 6 代，以蛹在茶树根际土壤中越冬，越冬深度 1.5 ~ 3 厘米。每年 2 月下旬开始羽化，3 月中下旬为羽化盛期。第一至第六代发生高峰期分别为：4 月上旬至 5 月上旬、6 月中旬至 7 月上旬、6 月下旬至 7 月下旬、7 月下旬至 8 月下旬、8 月中旬至 9 月下旬、

9月中旬至11月上旬。其中以第四代发生较重。成虫昼伏夜出，具有趋光性和趋糖醋性。卵成堆产于茶树枝杈间、枝干缝隙处和枯枝落叶上，每雌产卵平均100～300粒。初孵幼虫活泼，善于吐丝，具有趋光性和趋嫩性，多聚集在茶丛面上的嫩芽叶上取食，形成“发虫中心”。3龄以后怕光，白天多栖息在茶树中下部，夜间活动为害，一旦受惊立即吐丝下垂。4龄后进入暴食阶段。

油桐尺蠖的为害状　又名大尺蠖。全国大部分茶区均有分布，其中以南方茶区发生较重。幼虫咬食叶片，暴食时可将叶片、嫩茎吃光，使成片茶园形成光杆。除为害茶树外，还为害油桐、杨梅、山黑桃、梨等植物。

油桐尺蠖的形态特征　①成虫：雌成虫体长24～25毫米，翅展67～76毫米，体翅灰白色，密布黑色小点；触角呈丝状；前翅基线、中横线及亚外缘线为黄褐色波纹状。雄成虫较小，体长19～23毫米，翅展50～61毫米；触角呈羽毛状；前、后翅基线和亚外缘线为黑色波纹状。②幼虫：体长56～65毫米，最长可达76毫米。深褐色、灰绿色、青绿色，头部密布棕色颗粒状小点，头顶中央凹陷，两侧呈角状突起，前胸背面有2个突起。③卵：椭圆形，蓝绿色，卵堆上覆盖有黄色茸毛。④蛹：深棕色，头顶有1对黑褐色突起。

油桐尺蠖的发生规律　一般一年发生2～3代，华南茶区3～4代，以蛹在茶树根际土壤中越冬，越冬深度1.5～3厘米。每年4月开始羽化，第一至第三代幼虫分别发生在5月中旬至6月下旬、7月中旬至8月下旬、9月下旬至11月中旬。成虫夜间羽化，雄成虫趋光性较强。卵成堆产于茶园附近树干裂缝处，每雌产卵平均2 450粒。初孵幼虫活泼，善于吐丝，怕光性，多在傍晚、清晨取食。1～2龄幼虫咬食叶缘、叶尖表皮，呈黄褐色膜斑；3龄后，将叶片咬成缺刻；4龄后食量大增，能将整叶食尽；6～7龄后，爬到根际3～5厘米深处化蛹。

2. 毒蛾类

幼虫的特征是提表多毒毛，触及皮肤，红肿痒痛。主要种类是茶毛虫、茶黑毒蛾。

茶毛虫的为害状　又名茶黄毒蛾、毒毛虫。全国大部分茶区均有分布。3龄前幼虫常数十头至数百头群集在叶背取食，使被害叶形成黄绿色、半透明薄膜状斑，然后形成枯焦斑。3龄后分群，许多幼虫排列整齐，从叶尖或叶缘向内咬食叶片，形成缺刻。严重时，连新梢、枝皮及花果均可食尽。而且虫体有毒毛，触及人体皮肤会红肿痛痒，影响采茶等茶园农事活动。除为害茶树外，还为害油茶、山茶、柑橘、油桐、梨等植物。

茶毛虫的形态特征　①成虫：体长6～13毫米，翅展20～35毫米，雌成虫体、翅黄褐色；雄成虫体小，体、翅黑褐色。前翅中央均有两条淡色波纹，翅尖有2个黑点。②幼虫：1～2龄淡黄色，成长后体长约20毫米，转黄褐色，从前胸到腹部第九节各节背侧面有8个黄色或黑色绒球状毛瘤，毛瘤上面生有黄色毒毛。③卵：为圆形，淡黄色，卵在堆成椭圆形的乱块上，上覆盖有黄色茸毛。④蛹：黄褐色，长7～10毫米，密生黄色短毛，末端有一束钩状尾刺，茧呈土黄色，长12～14毫米，丝质薄而软。

茶毛虫的发生规律　茶毛虫多化性，一年发生的代数因不同茶区有异：四川、贵州、安徽、江苏、陕西等茶区发生2代，浙江、江西茶区发生2~3代，湖南茶区发生3代，广东、广西、福建南部茶区发生4代。2代区幼虫发生期为5月下旬至6月和8~9月；3代区幼虫发生期为3月中下旬至5月中下旬、6月中旬至7月中下旬和8月上中旬至10月。以卵块在茶树中、下部老叶背面近主脉处越冬，但在福建南部常有蛹在土中或幼虫在茶树上越冬。各代发生整齐，无世代重叠现象。幼虫群集性强，具有假死性，受惊吓立即吐丝下垂，晨昏及阴天，虫群多在茶丛上部取食，中午则躲藏在茶丛下部，老熟后迁至根际落叶下结茧化蛹。天敌有茶毛虫卵蜂、茶毛虫多角体病毒等。

茶黑毒蛾的为害状　又名茶茸毒蛾。主要分布在浙江、贵州、安徽、台湾等茶区。以幼虫咬食叶片为害，大发生时，连新梢一起吃光。除为害茶树外，还为害油茶等植物。

茶黑毒蛾的形态特征　①成虫：雌成虫体长15~20毫米，翅展32~40毫米；雄成虫体长12~14毫米，翅展27~30毫米。体翅暗褐至黑褐色。前翅近顶角处有3条黑色短小斜纹，翅中央均有1根银灰色波纹横带，其外侧有2个近圆形斑块。后翅色稍淡无斑纹。腹部背面纵列有3~4束黑色毛丛。②幼虫：成长后体长26~36毫米，黑褐色，各体节多黑、白细毛，腹部1~4节背面各有1对棕褐色毛束耸立，第八节有1对黑褐色毛束。③卵：为球形，灰白色，顶部凹陷。④蛹：黑褐色，长约14毫米，背部有许多棕色毛，茧丝质地松软，呈棕褐色。（见彩图20）

茶黑毒蛾的发生规律　安徽、浙江等茶区一年发生4代，每年3月下旬至4月上旬开始孵化。4代幼虫发生期分别为3月下旬至5月中旬、6月上旬至7月上旬、7月中旬至8月下旬和8月下旬至10月上旬。一般在第二、第四代，即6月和9月为害最重。以卵或卵块在茶树中、下部老叶背面越冬。各代发生整齐，无世代重叠现象。幼虫群集性强，具有假死性，受惊吓立即吐丝下垂或蜷缩坠落。幼虫孵化后群集于茶丛中下部，在叶背取食叶肉和下表皮，形成透明斑，2龄后开始分散，迁移至蓬面嫩叶背面为害。老熟后迁至根际落叶或土隙间结茧化蛹。天敌有赤眼蜂等。

3. 卷叶蛾类

卷叶蛾类的幼虫藏匿于卷叶或虫苞中。主要种类有茶小卷叶蛾、茶卷叶蛾。茶小卷叶蛾是我国华东几个产茶省的重要虫害，茶卷叶蛾的发生地区一般较茶小卷叶蛾偏南。

茶卷叶蛾的为害状　又名茶淡黄卷叶蛾、褐带长卷叶蛾。全国大部分茶区均有分布。以幼虫卷叶啃食为害。幼虫吐丝将茶树芽叶卷缀成虫苞，匿居其中啃食叶肉，最后只留下一层表皮，形成半透明膜斑。除为害茶树外，还为害油茶、柑橘、龙眼、油桐、荔枝、梨等植物。

茶卷叶蛾的形态特征　①成虫：体长8~11毫米，翅展23~30毫米。体、前翅呈淡棕色。前翅近长方形，翅面多有深褐色细波纹。雄蛾前缘基部有一深褐色半椭圆形加厚部分，明显向上翻卷。②幼虫：成长后体长18~26毫米，头呈褐色，体呈黄绿色至淡灰绿色，具有白色短毛，前胸硬皮板呈半月形，深褐色。③卵：为椭圆形，扁平，淡黄色，经常是白余粒卵聚集成鱼鳞状排列的卵块。④蛹：长11~13毫米，腹部末端有8根钩状小刺。

茶卷叶蛾的发生规律　卷叶蛾多化性，在安徽、浙江等茶区一年发生4代，湖南茶区发生4~5代，福建、台湾茶区发生6代。每年4月上旬开始化蛹。4月下旬成虫羽化并产卵。4代区幼虫发生期分别为5月中下旬、6月下旬至7月上旬、7月下旬至8月中旬和9月中旬至第二年4月上旬。以老熟幼虫在虫苞中越冬。成虫具有趋光性和趋化性，幼虫具有趋嫩性。卵多产于正面，每雌平均产卵330粒。初孵幼虫活泼，吐丝或爬行分散，缀结叶尖，潜藏其中取食，多在芽尖和芽下第一叶取食为害。成长后吐丝缀结数个叶片成虫苞，并在其中为害。食完一苞再转结新苞。老熟后在苞中吐丝结一白色薄茧，化蛹其中。

茶小卷叶蛾的为害状　又名小黄卷叶蛾、棉褐带卷叶蛾。全国大部分茶区均有分布。以幼虫卷叶啃食为害。幼虫吐丝将茶树芽叶卷缀成虫苞，匿居其中啃食叶肉，最后只留下一层表皮，形成半透明膜斑。严重时，茶蓬一片红褐焦枯。除为害茶树外，还为害油茶、柑橘、棉花、苹果、梨等植物。

茶小卷叶蛾的形态特征　①成虫：体长6~8毫米，翅展15~22毫米，淡黄褐色。前翅近长方形，散生褐色细纹，翅基、翅中部及翅尖有3条深褐色斜行带纹；中部一条长而明显。雄蛾翅基褐带宽而明显。后翅灰黄，外缘稍褐。②幼虫：成长后体长10~20毫米，头呈黄褐色，体呈绿色，前胸盾板色淡。③卵：为椭圆形，扁平，淡黄色，长5~6毫米，经常是白余粒卵聚集成鱼鳞状排列的卵块，并覆盖有透明胶质。④蛹：雌体长约10毫米，雄体略小，绿转褐色。腹部2~7节背面各有2列钩刺突，且以前缘一列较为明显。

茶小卷叶蛾的发生规律　茶小卷叶蛾多化性，在华东茶区一年发生4~5代，华南茶区发生6~7代，台湾茶区发生8~9代。每年4月开始化蛹。5代区幼虫发生期分别为4月下旬至5月下旬、6月中下旬、7月中旬至8月上旬、8月中旬至9月上旬和10月上旬至第二年4月。以老熟幼虫在虫苞中越冬。成虫具有趋光性和趋化性，幼虫具有趋嫩性。卵多产于老叶背面。初孵幼虫活泼，吐丝或爬行分散，缀结叶尖，潜藏其中取食，多在芽尖和芽下第一叶取食为害。3龄后吐丝缀结数个叶片成虫苞，并在其中为害，同时逐渐向下移，食完一苞再转结新苞。受惊吓时善于弹跳逃脱。幼虫共5龄，老熟后在苞内化蛹。天敌有赤眼蜂、卷蛾小茧蜂、白僵菌和颗粒体病毒等。

4. 刺蛾类

刺蛾类的幼虫具有刺毛，触及人体皮肤，引起红肿痛痒，影响采茶和田间管理。主要种类有扁刺蛾、黄刺蛾。

扁刺蛾的为害状　又名毛辣子、痒辣子。全国大部分茶区均有分布。低龄幼虫咬食叶下表皮和叶肉，形成黄绿色半透明斑块。成长后的幼虫咬食叶片后形成平直缺刻。幼虫体有刺毛并能分泌毒汁，触及人体皮肤后会引起红肿痛痒。除为害茶树外，还为害油茶、柑橘、苹果、梨等植物。

扁刺蛾的形态特征　①成虫：体长10~18毫米，翅展26~35毫米，体、翅灰褐色，前翅有一暗褐色斜纹，雄蛾前翅中央有一个黑点。②幼虫：成长后体长21~26毫米，椭圆形，扁平，背面隆起，鲜绿色，各体节有4个绿色刺突，背、侧面各2个，体背两侧各有1列小红点。③卵：为长椭圆形，扁平，淡黄绿色，长约1.1毫米。④蛹：长10～15毫米，椭圆形，黄褐色。茧呈椭圆形，黑褐色，质地坚硬。

扁刺蛾的发生规律　一般一年发生2代，以老熟幼虫在土中结茧越冬。每年4月中旬开始化蛹。5月中旬成虫开始羽化产卵。幼虫发生期分别为5月下旬至7月中旬和7月下旬至第二年4月。成虫飞翔力和趋光性较强。卵多散产于叶正面，每雌平均产卵10～200粒。幼虫多先在茶丛下部为害，然后逐渐转移到上部为害，白天对栖息并取食叶背，夜晚和清晨则爬到叶面取食。老熟后爬到根际表土中结茧化蛹，入土深度一般在6厘米内，但是在松软的土壤中可以深达15厘米以上。天敌有核型多角体病毒、寄生蝇等寄生。

黄刺蛾的为害状　又名红背刺蛾。全国大部分茶区均有分布。低龄幼虫咬食叶下表皮和叶肉，形成黄色枯斑。成长到4龄后的幼虫咬食叶片后形成孔洞或缺口，甚至只留下主脉。除为害茶树外，还为害柑橘、李、桃、梧桐、苹果、桑、梨等植物。

黄刺蛾的形态特征　①成虫：体长10～17毫米，翅展20～37毫米，体、翅黄色，前翅自翅尖向后缘有2条横纹，前一条横纹后面呈淡褐色，在黄色区和褐色区各有一褐色斑点。②幼虫：成长后体长19～25毫米，呈近长方形，背面有一紫色大斑，两端宽大，中间细长，呈哑铃状，各节均有2对刺突，胸部和尾部有4对刺突粗大，体背中部有5对刺突很小。③卵：为椭圆形，扁平，淡黄色，长约1.45毫米。④蛹：长13～15毫米，椭圆形，淡黄褐色。茧形似麻雀蛋，呈灰白色，质地坚硬。

黄刺蛾的发生规律　一般一年发生1~2代，以老熟幼虫于9月上中旬在茶树枝干上结茧越冬。每年5~6月开始化蛹。5月下旬成虫开始羽化产卵。幼虫发生期分别为6~7月和8~9月。成虫趋光性较弱。卵多散产或成堆于叶背面。幼虫群集性强，孵化后常数头至数十头聚集于叶背为害。老熟后爬到枝干结茧化蛹。

5. 蓑蛾类

蓑蛾类又名避债虫、避债蛾、布袋虫。它的雌虫终身藏匿在护囊中，雌雄异态，雄成虫有翅，雌成虫呈蛆状。主要种类有茶蓑蛾、大蓑蛾、褐蓑蛾，可根据护囊大小、组成和质地进行区别。蓑蛾类幼虫咬食叶片成孔洞或缺刻。

茶蓑蛾的为害状　又名红避债虫和袋袋虫。全国大部分茶区均有分布。以幼虫咬食叶片，形成孔洞或缺刻，严重时连嫩梢、枝皮和幼果全部食尽。除为害茶树外，还为害柑橘、李、桃、油茶、桑、梨等植物。

茶蓑蛾的形态特征　①成虫：雄虫体长11~15毫米，翅展20~30毫米，体深褐色，胸、腹部密被鳞毛，前翅近外缘处有2个近长方形的透明斑。雌虫体长12~16毫米，蛆状，无翅，无足，黄褐色，腹部肥大，后胸和腹部第七节簇生一环黄白色茸毛。②幼虫：成长后体长16~26毫米，头黄褐色，具有黑褐色斑纹并列。胸部背面有褐色纵纹2条，每节纵纹两侧各有褐色斑1个。③卵：为椭圆形，乳黄白色，长约0.8毫米，宽约0.6毫米。④蛹：雄蛹为被蛹，长11~13毫米，咖啡色，翅芽达第三腹节后缘。雌蛹呈蛆状，长14~18毫米，咖啡色，头小。⑤护囊：纺锤形，长25~30毫米，质地紧密，囊外缀结纵行排列整齐的小枝梗。

（见彩图21～彩图22）

茶蓑蛾的发生规律　不同茶区发生的代数不相同，贵州茶区发生1代，四川、安徽、江苏、浙江、湖南茶区发生1～2代，江西茶区发生2代，台湾茶区发生2～3代。以幼虫在护囊中越冬。每年3月开始活动，5月开始化蛹，6月上旬开始羽化产卵。幼虫发生期为：1代区在7月中旬至第二年6月上旬；2代区在6月上旬至8月下旬和8月中旬至第二年6月上旬。雄成虫羽化后从护囊中飞出，具有趋光性。雌成虫羽化后仍留在护囊中，将头部伸出囊外，交尾后产卵于囊内蛹壳中，卵期10～15天，一般产卵500粒。幼虫孵化后爬出护囊，随风飘移到枝干上，吐丝缀结嫩叶成囊。1～2龄幼虫只食叶下表皮和叶肉，形成半透明黄色膜斑；3龄咬食叶片形成孔洞；4龄后食量大增。耐饥力特别强，能够耐8～10天饥饿。老熟后在囊内将虫体倒转然后化蛹。天敌有蓑蛾瘤姬蜂。

大蓑蛾的为害状　又名大袋蛾和大背袋蛾。全国大部分茶区均有分布。以幼虫咬食叶片和枝干为害。低龄幼虫主要取食下表皮和叶肉，叶面呈现薄膜状半透明斑块；3龄后咬食叶片形成孔洞。除为害茶树外，还为害柑橘、葡萄、枇杷、法国梧桐、枫树、梨等植物。

大蓑蛾的形态特征　①成虫：雌雄二型。雌成虫呈蛆状，无翅，淡黄色，虫体长约25毫米；雄成虫体长15～17毫米，翅展26～33毫米，前翅近外缘处有4～5个透明斑。②幼虫：成长后体长约35毫米，黄褐色，胸部硬皮板上有褐色纵带，其中背面2条宽而明显。③卵：为椭圆形，淡黄色，长0.9～1.0毫米。④蛹：雄蛹为被蛹，长11～13毫米，暗褐色。雌蛹为围蛹，蛆状，长 14 ~ 18 毫米，赤褐色，头小。⑤护囊：长 40 ~ 60 毫米，质地坚实，囊外附有较大碎叶片，有时亦附有少数排列零星的枝梗。

大蓑蛾的发生规律　一般一年发生 1 代。以老熟幼虫在茶树上的护囊中越冬。每年 4 月下旬开始化蛹，5 月上旬开始羽化产卵。5 月中下旬为发生盛期。雄成虫羽化后从护囊中飞出，蛹壳多遗留在护囊排泄孔外，具有趋光性。雌成虫羽化后仍留在护囊中，将头部伸出囊外，交尾后产卵于囊内蛹壳中，一般产卵 2 600 粒。幼虫孵化后先在囊内取食卵壳，然后从母囊的排泄孔爬出护囊，吐丝悬垂随风飘移到枝干上，寻到嫩叶后先吐丝缀结嫩叶成囊，然后取食。天敌有姬蜂、寄生蝇、蜘蛛等。

褐蓑蛾的为害状：又名茶褐背袋虫。全国大部分茶区均有分布。以幼虫咬食叶片和枝干为害。其为害状与茶蓑蛾相似。除为害茶树外，还为害刺槐等植物。

褐蓑蛾的形态特征　①成虫：雌成虫呈蛆状，乳黄色，虫体长约 15 毫米；雄成虫体长约 15 毫米，翅展约 24 毫米，体、翅褐色，前翅和腹部具有金属光泽，腹基部密暗色茸毛。②幼虫：成长后体长 18 ~ 25 毫米，体、头褐色，头上有淡色横斑，胸部背板淡黄色，两侧各有褐斑两列。③卵：为椭圆形，乳黄色。④蛹：雄蛹为紫黑色，尾端钩状；雌蛹体黄色，两端赤褐色，尾端有 3 枚刺。⑤护囊：长 25 ~ 40 毫米，质地松软，囊外缀结许多碎叶。

褐蓑蛾的发生规律　一般一年发生 1 代。以低龄幼虫在茶树上的护囊中越冬。每年 3 月继续取食为害，6 月开始化蛹，7 月上旬开始羽化产卵，7 月下旬幼虫开始发生。具有趋光性。雌成虫交尾后产卵于囊内，一般产卵 300～900 粒。幼虫孵化后先在囊内取食卵壳，然后从母囊的排泄孔爬出护囊，吐丝悬垂随风飘移到枝干上，寻到嫩叶后先吐丝缀结嫩叶成囊，然后取食。天敌有姬蜂、寄生蝇、蜘蛛等。

6. 象甲类

以成虫咬食茶树叶片，幼虫可在土中加害茶树根系。主要种类有茶丽纹象甲、绿鳞象甲。茶丽纹象甲主要分布在华东茶区，绿鳞象甲主要分布在我国南部茶区。

茶丽纹象甲的为害状　又名茶叶象甲。全国大部分茶区均有分布。以成虫咬食茶树嫩叶和成叶，形成半环状缺刻。对夏茶的产量和品质影响大。除为害茶树外，还为害油茶、柑橘、山茶、洋槐、梨等植物。

茶丽纹象甲的形态特征　①成虫：成虫呈黑色，体长约 7 毫米，体背有黄绿色鳞片集成的斑点和条纹，稍具金属光泽，鞘翅近中部至两侧有较宽的黑色横带，触角漆状。②幼虫：体长 5～6 毫米，乳白色，无足，体肥多横皱纹。③卵：为椭圆形，黄白色。④蛹：长椭圆形，黄白色，长约 6 毫米，离蛹。

茶丽纹象甲的发生规律　一年发生 1 代。以幼虫在茶冠或表土中越冬。每年 4 月下旬开始化蛹，5 月中旬成虫开始出土，5 月下旬至 7 月上旬为成虫盛发期，并相继大量产卵。各虫态的历期为：卵期 7～15 天；幼虫期 270～300 天；蛹期 9～14 天；成虫期 50～70 天。成虫羽化后在土中潜伏 2～3 天后，上树活动或取食。成虫善于爬行，飞翔力弱，具有假死性，稍受惊动即坠地假死，片刻再爬上茶树。早上露水干后开始活动，午后至黄昏最为活跃，中午前后多潜伏在叶背或茶丛内荫蔽处。一生交尾多次，陆续入土产卵，卵散产于表土内或落叶下。留养茶园和幼龄茶园发生较重。

绿鳞象甲的为害状　又名绿绒象甲、大绿象甲、绿象虫。全国大部分茶区均有分布，主要分布在南部茶区，以广东和海南发生较重。以成虫咬食茶树嫩叶和成叶，形成不规则缺刻。为害新植茶树的叶片，致使植株死亡。除为害茶树外，还为害油茶、柑橘、山茶、橡胶、咖啡、苹果、大豆、花生、梨等植物。

绿鳞象甲的形态特征　①成虫：成虫全体黑色，体长15～18毫米，密被墨绿、淡棕、古铜、灰、绿等闪闪有光的鳞毛，有时杂有橙色粉末。前胸中央有纵沟，翅鞘上有10行点刻。雌虫腹部较大，雄虫腹部较小。②幼虫：初孵时呈乳白色，成长后为黄白色，长15～17毫米。体肥多皱，无足。③卵：为椭圆形，体约1毫米，黄白色，孵化前呈黑褐色。④蛹：被蛹，黄白色，长约14毫米。

绿鳞象甲的发生规律　一年发生1代。在广东英德，以老熟幼虫或成虫土中越冬。每年4月开始出土，5月上中旬为盛发期，直到年终均可见成虫活动。成虫白天活动取食，早晚隐藏在茶丛表土、落叶或杂草中。成虫飞翔力弱，具有假死性。成虫可多次交尾，卵散产于表土中。一般幼龄茶园、靠近山边、杂草丛生的茶园发生较重，茶园边缘常比中间重，还有新植茶园中生荒地比熟地发生重。

（三）钻蛀害虫

钻蛀害虫是指那些在茶树茎秆、种子和根部蛀食为害的害虫种类。这类害虫多在衰老茶园中发生较多。主要的种类有：茶梢蛾、茶枝镰蛾、天牛类、茶枝小颍虫、茶枝木掘蛾和茶籽象甲等。这里主要介绍茶梢蛾、天牛类、和茶籽象甲。

1. 茶梢蛾

茶梢蛾又名茶蛾。是西南茶区的重要害虫之一。

茶梢蛾的为害状　初孵幼虫从叶背潜食叶肉，留下表皮，形成黄褐色圆斑；被害芽梢上常有孔洞，下方叶片上常有黄色粉状物，芽梢易断，使新芽萌发迟缓，茶芽减少除茶树外，还可为害油茶和山茶。

茶梢蛾的形态特征　①成虫：体长 5 ~ 7 毫米，体、翅均为深灰色，带金属光泽。触角丝状，基部膨大，略较前翅长。前翅细长，后翅尖叶形。前翅近中部有 2 个黑色圆斑。②幼虫：成长时长 6 ~ 10 毫米，头部深咖啡色，胸腹部黄白色，体表稀覆短毛。腹足不发达。气门褐色，圆形。③卵：为椭圆形，初产时灰色稍带红色，孵化前变黄褐色。④蛹：细长筒形，黄褐色，长约 5 毫米，将羽化前触角及翅芽呈黑色。触角长达腹部第八节，第十节腹面着生 1 对棒状突起。

茶梢蛾的发生规律　一年发生 1 代，福建及云南糯山地区一年发生 2 代。以幼虫在芽梢或叶片内越冬。每年 3 ~ 4 月开始在枝梢为害，1 代区 6 月中下旬为化蛹盛期，7 月上中旬为成虫羽化盛期，7 月下旬幼虫开始为害叶片，10 月中旬至第二年 4 月上旬陆续迁移到芽梢为害。2 代区幼虫发生期分别为 7 月下旬至 10 月下旬和 1 月下旬。第二代幼虫蛀入芽梢为害，以 2 ~ 4 月为害最重。成虫夜间活动取食，产卵于茶丛中下部枝梢的第二叶以下的叶柄及腋芽间，或腋芽与枝干间，每处产卵2~5粒。初孵幼虫从叶背潜食叶肉，3龄后一条虫可以为害1~3个嫩梢，蛀孔下方的叶片上有虫粪。

2. 茶天牛

茶天牛又名楝树天牛、蛀心虫。全国茶区均有分布。

茶天牛的为危状　以幼虫蛀食茶树枝干和根部，被害茶树在离地面约3厘米处的根颈部会有一细小排泄孔，对应地面通常堆积有木屑状排泄物。致使植株生长不良，叶片枯黄，芽叶细小瘦弱。除茶树外，还为害油茶、楝树、松等。

茶天牛的形态特征　①成虫：体长30~38米，体为暗褐色，密被淡黄色短毛，翅鞘被金黄褐色丝绒状短毛。雌虫触角略与体等长，雄虫触角则比体长一倍。翅鞘盖没腹部。②幼虫：成长后长37~52毫米，头宽4.5~5.0毫米，体粗壮，头淡黄色，胸腹部黄白色，前胸宽大，有4个黄褐色斑块，中、后胸及腹部第一至第七节有肉瘤状突起。气门褐色，明显。③卵：为椭圆形，长约4毫米，宽约2毫米，乳白色。④蛹：长25~38毫米，初为乳黄色，以后逐渐变为淡赭色。

茶天牛的发生规律　一般两年发生1代。以当年幼虫或第二年成虫在被害枝干或根部蛀害的窟窿中越冬。第二年4月下旬至7月上旬出现成虫。5月下旬至6月下旬产卵。6月上旬幼虫始见。9月中旬至10月中旬成虫羽化后仍留在蛹室越冬，直到第三年4月才爬出虫道，产卵于近地表的枝干树皮上。幼虫孵化后，先咬食枝干皮层，后蛀入木质部。主要为害近地面茎干和根部，虫道深达33厘米以上，虫道大而弯曲，老熟后多在根颈部化蛹。管理粗放、根颈外露的老茶树发生较重。

3. 茶籽象甲

茶籽象甲又名茶子象甲、油茶象甲、螺纹象、山茶象。全国大部分茶区均有分布，主要分布南部茶区，以广东和海南发生较重。

茶籽象甲的为害状　成虫以管状口器咬食未成熟的茶果，还能取食嫩梢，在嫩梢中部将表皮咬食成孔洞，取食孔洞上下方的木质部和髓部，使被害嫩梢凋萎。幼虫仅取食茶果，导致茶籽减产。除为害茶树外，还为害油茶、刺锥梨等植物。

茶籽象甲的形态特征　①成虫：体长 7 ~ 11 毫米，成虫全体黑色，除头部管状外，背面被白色和黑褐色鳞片，腹面白色鳞毛亦甚密，构成具有规则的斑纹。翅鞘上有黑色、褐色和白色鳞毛，每个翅鞘上有 10 条纵沟，沟内有粗大点刻。②幼虫：成长幼虫长 10 ~ 12 毫米。体肥多皱，背拱腹凹略成“C”形弯曲，无足。乳白色，成长后为黄白色，老熟出果时近黄色。③卵：长椭圆形，长约 1 毫米，宽约 0.3 毫米，黄白色。④蛹：长椭圆形，黄白色，长 7 ~ 11 毫米，体表有细刺毛，腹末有短刺 1 对。

茶籽象甲的发生规律　一般两年发生 1 代（云南一年发生 1 代）。以幼虫或初羽化的成虫在土中越冬。幼虫在土中生活 12 个月，第二年 8 ~ 11 月化蛹，以后陆续羽化为成虫，并仍留在土中越冬，直到第三年 4 ~ 5 月才出土。每雌产卵 50 ~ 180 粒，产卵期长达 50 天左右。卵产于茶果中，成虫陆续死亡。幼虫孵化后在茶果中取食果仁，8 ~ 11 月离果入土越冬。成虫多在傍晚活动，成虫每天蛀果 2 ~ 4 个，怕强光，喜荫蔽，具有假死性。

## 二、茶树病害的主要类别、症状及发生规律

茶树病害根据其为害部位可分为叶部病害、茎部病害和根部病害三大类。

### （一）叶部病害

茶树叶部病害包括为害芽梢、成叶和老叶的病害。主要种类有茶饼病、茶白星病、茶炭疽病和茶轮斑病。

#### 1. 茶饼病

茶饼病又名疱状叶枯病、叶肿病。全国大部分茶区均有分布，以西南和海南茶区发生较重。

茶饼病的为害状　主要为害嫩叶、嫩茎，以致叶柄、花蕾、果实上偶尔发病。正常的茶饼病，正面下陷，背面突起，当然，也有相反的可能。病斑的正面平滑发亮，而反面凸起的部分先暗后呈灰色，上有灰色粉末状，粉末增厚后变成纯白色。不仅影响产量，而且用病芽叶制茶易碎，茶叶味苦，致使茶叶品质明显下降。（见彩图 23）

茶饼病的发生规律　茶饼病是由一种真菌侵染引起，以菌丝体在病叶的活组织中越冬和越夏。次年春季或秋季，当平均气温 15 ~ 20℃时，相对湿度 80% 以上时，菌丝体产生担孢子，担孢子随风散落在新梢和嫩叶上，在适宜的温湿条件下，2 小时后开始萌发，侵入组织，3 ~ 18 天后，形成新的病斑，其上出现白色粉末的子实层，担孢子成熟后，继续飞散，不断侵染，导致病害流行。一个成熟的病斑，在 24 小时内可释放一二百万个孢子，孢子形成结束，寄主组织也相应地死亡。担孢子怕光照及高温，当气温高于

31℃，并连续4小时光照，病害的发生即受到抑制。发病时间各地因气候不同而异，西南茶区在2～4月开始发病，7～11月为发病盛期；华东和中南茶区在3～5月和9～10月；海南茶区在9月中旬至次年2月。一般高山、谷地及过度荫蔽的茶园，由于日照少、雨露多、湿度大，发病较重；还有杂草丛生、偏施氮肥以及采摘、修剪等措施不合理的茶园发病多。

2. 茶白星病

茶白星病的为害状　茶白星病又名点星病。主要为害嫩叶和幼茎，初期呈现红褐色针头状小点，边缘有淡红色、半透明晕圈，半透明晕圈始终为圆形，并逐渐变为淡黄色，直径1～2毫米。在潮湿条件下，病斑上散生黑色小点。一张病叶上的病斑数为几个至几百个，有时病斑相互融合形成不规则形大斑。叶脉发病可使叶片扭曲畸形。病梢上叶片变小，节间短，百芽重降低，对夹叶增多。病叶制成的茶叶苦味异常，茶汤入口，喉根苦似黄连，且苦味不易消失，严重影响成茶品质。除茶树外，还为害油茶、山茶等植物。

茶白星病的发生规律　茶白星病是由一种真菌侵染引起，以菌丝体和分生孢子器在病叶、茎中越冬。次年春茶初展，当相对湿度80%以上时，产生出分生孢子，分

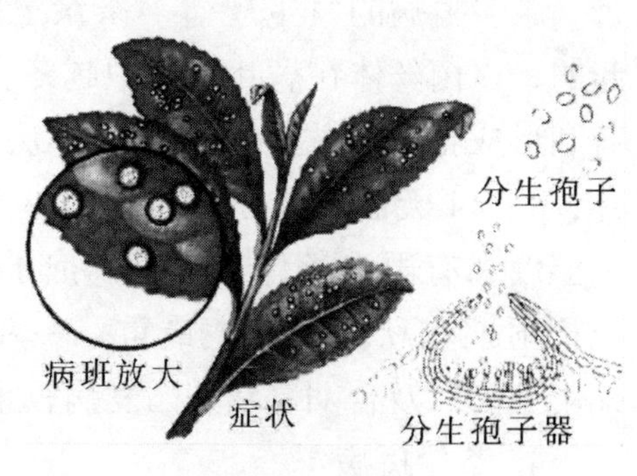

图31　茶白星病

生孢子随风或雨溅传播病害，侵染新梢和嫩叶，1～3天后，形成新的病斑，重复侵染，扩大蔓延，导致病害流行。本病属于低温高湿型病害，一般在气温16～24℃，相对湿度80%以上发病较重；气温高于25℃则不利于发病。全年发病期在春秋两季，发病盛期在5月份。一般海拔在500米以上的茶园才有发生，并且海拔越高发病越多；还有，缺肥、偏施氮肥以及采摘过度等而使茶树衰弱的茶园发病较重。

3. 茶炭疽病

茶炭疽病的为害状　全国大部分茶区均有分布，以西南地区和海南茶区发生较重。一般发生在当年生的成叶上，老叶和嫩叶上偶尔发生。一般从茶叶边缘或尖端开始发生，初期为浅绿色斑，边缘侵染性逐渐扩大，呈青褐色不规则斑，仅边缘半透明，且半透明的范围逐渐减少以至消失，颜色由红褐色至黄褐色变为灰白色。病斑常以中脉为界，后期在病斑正面以及反面散生许多细小而明显的黑点。秋季发病严重的茶园，次年春茶产量明显下降。除茶树外，还为害油茶、山茶和茶梅等植物。(见彩图24)

茶炭疽病的发生规律　茶炭疽病是由一种真菌侵染引起的，以菌丝体在病叶组织中越冬。次年5～6月间的雨天有利形成孢子，并借雨水传播，从嫩叶背面茸毛处侵入叶片，8～14天后形成小病斑，15～30天发展成大病斑。在高湿度和有雨水条件下，形成孢子，不断重复侵染。全年以梅雨期和秋雨期发生最重。一般缺少钾肥、偏施氮肥，幼龄茶园以及台刈复壮茶园发病较重。

4. 茶轮斑病

茶轮斑病又名茶梢枯死病。全国主要茶区均有分布。

茶轮斑病的为害状　主要为害成叶和老叶，嫩叶和新梢上偶尔发生。先从叶缘或叶尖产生黄绿色小斑点，最后扩大为褐色与灰色相间的半圆形、不规则形或圆形的大型病斑，病斑有明显的同心圆状轮纹，边缘有一褐色晕圈。在潮湿条件下出现浓黑色墨汁状小粒点（病菌的子实体分生孢子盘），沿轮纹作环状排列，这是茶轮斑病的区别特征。发生在嫩叶上的病斑无轮纹，病斑常相互连合，甚至叶片大部分布满褐色枯斑。嫩梢发病变黑枯死，并向下发展，引起枝枯。(见彩图25)

茶轮斑病的发生规律　茶轮斑病是由一种真菌侵染引起的，以菌丝体或分生孢子盘在病叶、梢内越冬。茶轮斑病是高温季节病害，病菌在28℃左右生长最为适宜，形成分生孢子，从茶树叶片的伤口处侵入，7～14天后产生新病斑，在潮湿条件下，形成子实体，孢子成熟后，随雨水传播，进行再侵染，扩大蔓延。高温（25～28℃）、高湿（相对湿度85%～87%）有利于发病，因此，夏秋季发病较重。机械采茶、机剪和虫害严重的茶园发病较重。

5. 茶云纹叶枯病

茶云纹叶枯病是由一种真菌引起的，以菌丝体或分生孢子在病组织或土表落叶中越冬。主要为害叶片，也为害新梢、枝条和果实。除茶树外，还为害油茶、山茶和茶梅等植物。(见彩图26)

（二）茎部病害

茶树茎部病害种类很多，通常在老茶园中发生，主要种类有茶枝梢黑点病、茶膏药病、茶红锈藻病、地衣和苔藓类。

1. 茶枝梢黑点病

茶枝梢黑点病的为害状　全国主要茶区均有分布。此病是半木质化新梢部病害之一，主要为害茶树当年生半木质化新梢。初期呈现不规则形灰色斑块，逐渐向上、下扩展，可长达10～20厘米，后期病斑表面散生圆形或椭圆形、稍突起且有光泽的黑色小点，病斑转成为灰白色。

茶枝梢黑点病的发生规律　茶枝梢黑点病是由一种真菌侵染引起的。以菌丝体或子囊盘在病梢组织中越冬。次年春季，在适宜条件下，产生子囊孢子，子囊孢子随风或雨溅传播，侵染新梢。该病害在整个生长季节中只有初侵染，无再侵染。当气温在20～25℃，相对湿度80%以上的春夏之交时，最有利于侵染。5月中旬至6月中旬为发病盛期。高温、干旱不利于该病的发生。一般发生在台刈复壮茶园和条栽壮龄茶园。

2. 茶膏药病

茶膏药病是老茶园中常见的一种病害。在全国主要茶区均有分布。

茶膏药病的为害状　主要发生在茶树枝条和根茎部。在枝干上形成厚均膜，呈椭圆形或不规则形，如膏药般贴附在枝条上。均膜在后期变成紫褐色，表面龟裂，易脱落。分灰色膏药病和褐色膏药病两种。灰色膏药病：病部初生白色棉毛状物，后转呈暗灰色，中央暗褐色，表面光滑，中央稍厚，边缘薄，潮湿条件下，上面覆盖一层白粉。褐色膏药病：病部的厚膜呈栗褐色，表面丝绒状，手摸有粗糙感，边缘有一圈很窄的灰白色带。除茶树外，还为害苹果、梨、柑橘等多种果木植物。

茶膏药病的发生规律　茶膏药病是由一种真菌侵染引起的。其发生与蚧类有密切关系，它以蚧类的分泌物为养料，蚧类借菌膜的覆盖得到保护。以菌丝体在并枝干上越冬。次年春夏之交，温湿度适宜时，菌丝继续生长形成子实层。担孢子借助气流或随介壳虫传播，孢子萌发后以介壳虫分泌物为营养形成新的菌膜，不侵入寄主主体内，对寄主直接影响不大。但是，当病害发生严重时，均膜包围着树干外部，致使茶树正常生理活动受阻，树势渐趋衰弱。一般在蚧类发生严重的茶园，以及土壤黏重、排水不良、荫蔽潮湿的老茶园发生较多。

3. 茶红锈藻病

茶红锈藻病是病原藻类植物寄生所致。全国主要茶区均有分布，在华南茶区大叶种茶树发生较重。

茶红锈藻病的为害状　主要发生在1～3年生的枝条上，病斑呈圆形至椭圆形，紫黑色，表面常有纵长裂缝，引起枯梢，连年发生则树势衰弱，甚至全株死亡。也可为害老叶和茶果，并能分泌毒素。除茶树外，还为害油茶、山毛豆、柑橘、杧果和相思树等植物。

茶红锈藻病的发生规律　茶红锈藻病是由一种绿藻引起，以营养体在病组织中越冬。次年春夏之交，温湿度适宜时，发育形成孢囊梗和游动孢子囊，放出游动孢子，成熟的孢子囊和游动孢子借助气流或雨滴飞溅传播到寄主适宜的部位，萌发长出芽管侵入茎叶组织，菌丝不断蔓延扩展深入，消耗寄主养分。全年有两个高峰期：5月下旬至6月上旬和8月下旬至9月上旬。在降雨频繁、雨量充沛的季节，病害流行。土壤瘠薄、缺肥，保水性差，易干旱、水涝等原因，致使茶树树势衰弱的茶园以及过度荫蔽的茶园发生较多。

4. 地衣和苔藓

地衣是真菌和藻类的共生体；苔藓是一种植物，有绿色的假茎和假叶。全国茶区均有分布。

地衣和苔藓的为害状　地衣是一种青灰色叶状体，根据其外形可分为叶状地衣、壳状地衣和枝状地衣三种。叶状地衣：扁平，形如叶片，平铺在枝干表面，有时边缘反卷；壳状地衣：形状不一的深褐色假根状体，紧贴于树皮上，不易剥离，常见的有文字地衣，呈皮壳状；枝状地衣：其叶状体直立或下垂如丝，呈树枝状分枝。地衣和苔藓附生在枝干上，使茶树树势更趋衰老，产量下降，并为害虫提供越冬和藏匿的场所。除茶树外，还为害油茶、桂圆、柑橘、杧果和荔枝等植物。

地衣和苔藓的发生规律　苔藓是由一种绿藻引起，以营养体在病组织中越冬。地衣以叶状体碎片进行营养繁殖，也可以真菌的孢子和菌丝体，或藻类形成芽孢子进行繁殖。地衣和苔藓在次年早春温度上升到10℃左右开始生长，孢子通过风雨传播，潮湿而温暖的5～6月间生长最旺盛，高温炎热的盛夏期，生长缓慢，秋季继续发展，冬季停止生长。地衣在山地茶园发生较多，苔藓则多发生在阴湿茶园，老茶树，树皮粗糙，树势衰老，管理粗放，杂草丛生，或土壤黏重的茶园，易于发生。在降雨频繁、雨量充沛的季节，病害流行。

（三）根部病害

茶树根部病害在我国西南茶区发生较少，在华南茶区发生较重。这里就不作介绍。

### 三、茶园杂草的主要类别

茶园中的杂草类别在我国各产茶省区不尽相同，但主要的种类是以禾本科和菊科两类杂草最为常见。此外还有石竹科、十字花科、蓼科、莎草科、玄参科、马齿苋科的杂草类别。

## 第三节　无公害茶园适用的农药种类

茶园适用的农药品种繁多，这里为了阐述方便，分为化学农药和生物农药两大类。

### 一、化学农药的种类、作用方式及防治对象

化学农药的种类繁多，这里只介绍可以在无公害茶园允许使用或者限制性使用的常用化学农药，并根据其防治病虫草害的类别分为五类：杀虫剂、杀螨剂、杀菌剂、杀线虫剂和除草剂。如果是出口茶基地茶园，要根据所出口的国家或地区规定的农药残留标准，有目的地选择性使用化学农药，否则，容易导致农残超标。所有化学合成的农药不能在有机茶园和绿色食品茶 AA 级茶园中使用。

#### （一）杀虫剂

杀虫剂是茶园中应用最多的一类农药。按其作用方式可以分为以下四类：①胃毒剂。即药剂须经害虫取食后，由口腔进入虫体，在消化道被吸收后，引起害虫中毒而死，具有这种作用的称为胃毒作用。一般防治咀嚼式口器的害虫须用胃毒剂。②触杀剂。即药剂与虫体接触后，经虫体壁渗入体内，引起害虫中毒而死，具有这种作用的称为触

杀作用。一般防治刺吸式口器害虫须用触杀剂。③内吸剂。即药剂施用后，能被植物的根、茎、叶、种子吸收并传导到其他部位，当害虫咬食植物或吸食植物液汁时，引起中毒而死。具有这种作用的称为内吸剂。④熏蒸剂。即药剂在常温下挥发成气体，经害虫的气孔进入其体内，引起中毒而死。这种作用称为熏蒸剂。熏蒸剂对茶树上的钻蛀性害虫及结虫苞、虫囊的隐蔽性害虫，具有较好的效果。

杀虫剂按其有效成分的化学结构可以分为：有机磷、有机氯、拟除虫菊酯类、氨基甲酸酯类、沙蚕毒素类、昆虫几丁质合成抑制剂类、硝基亚甲基类、吡啶类杀虫剂等。见表48。

表48　茶园适用杀虫剂的品种、作用方式及防治对象

| 类别 | 名称 | 作用方式 | 防治对象 | 备注 |
|---|---|---|---|---|
| 有机磷类杀虫剂 | 辛硫磷 | 有较强的触杀作用，具有胃毒作用；击倒力强，杀虫广普，持效期短，残留量低 | 尺蠖类、毒蛾类、卷叶蛾类、刺蛾类、茶蚕，粉虱类、蚧类 | 对蜜蜂及害虫的天敌瓢虫、赤眼蜂等的毒性较强 |
| | 马拉硫磷 | 具有触杀、胃毒作用，有一定的熏蒸作用 | 蚧类、蓑蛾类 | ①对蜜蜂及害虫的天敌的毒性较强<br>②不能与碱性农药混用 |
| | 亚胺硫磷 | 具有触杀和胃毒作用，并有一定的渗透作用 | 蚧类，可兼治叶蝉、粉虱、蓟马 | ①对蜜蜂有毒<br>②不能与碱性农药混用 |
| | 杀螟硫磷 | 具有触杀、胃毒作用，杀虫广普 | 尺蠖类、茶毛虫、茶蚕，叶蝉、蚧类 | ①对鱼毒性大<br>②不能与碱性农药混用 |

续表

| 类别 | 名称 | 作用方式 | 防治对象 | 备注 |
|---|---|---|---|---|
| 拟除虫菊酯类 | 溴氰菊酯（敌杀死、凯素灵、凯安宝） | 具有触杀、胃毒作用，杀虫广普 | 茶尺蠖类、茶毛虫、毒蛾类、卷叶蛾、刺蛾类、蚜虫，蚧类、粉虱 | ①对蜜蜂、家蚕、水生生物高毒；对鸟类低毒<br>②不要连续使用，同一地块茶园全年使用拟除虫菊酯类杀虫剂不能超过2次，否则，害虫会产生抗性<br>③对螨类无效，并会刺激螨类繁殖<br>④不能与碱性农药混用 |
| | 联苯菊酯（天王星、虫螨灵） | 具有触杀、胃毒作用，杀虫广普 | 茶丽纹象甲，茶尺蠖类、茶毛虫、毒蛾类、卷叶蛾、刺蛾类、蚜虫，叶蝉、蚧类、粉虱、茶短须螨。 | ①对水生生物高毒，对蜜蜂毒性中等<br>②不要连续使用，全年不能超过2次，否则，害虫会产生抗性<br>③不能与碱性农药混用 |
| | 三氟氯菊酯（功夫、功夫菊酯） | 具有触杀、胃毒作用，杀虫广普 | 茶尺蠖类、茶毛虫、毒蛾类、卷叶蛾、刺蛾类、蚜虫，叶蝉、蚧类、粉虱、螨类 | ①对蜜蜂、家蚕、水生生物高毒，对害虫天敌杀伤力大<br>②不要连续使用，全年不能超过2次，否则，害虫会产生抗性<br>③不能与碱性农药混用 |

续表

| 类别 | 名称 | 作用方式 | 防治对象 | 备注 |
| --- | --- | --- | --- | --- |
| | 氯氰菊酯（安绿宝、兴棉宝、赛波凯、灭百可） | 具有触杀、胃毒作用，杀虫广普 | 茶尺蠖类、茶毛虫、毒蛾类、卷叶蛾、刺蛾类、蚜虫，叶蝉、蚧类、粉虱 | 参照三氟氯菊酯 |
| | 顺式氯氰菊酯（百事达、高效安绿宝、高效灭百可） | 具有触杀、胃毒作用，杀虫广普 | 茶尺蠖类、茶毛虫、毒蛾类、卷叶蛾、刺蛾类、蚜虫，叶蝉、蚧类、粉虱 | 参照三氟氯菊酯 |
| | 高效氯氰菊酯 | 参照顺式氯氰菊酯 | 参照顺式氯氰菊酯 | 参照顺式氯氰菊酯 |
| 沙蚕毒素类 | 杀螟丹（巴丹、派丹） | 具有强胃毒作用，有触杀作用和一定的拒食作用、杀卵作用 | 茶丽纹象甲、茶尺蠖类、茶毛虫、毒蛾类、卷叶蛾、刺蛾类，叶蝉、蚧类、粉虱、螨类 | 对家蚕和鱼类毒性大 |
| 昆虫几丁质合成抑制剂类杀虫剂 | 除虫脲（敌灭灵、灭幼脲一号） | 以胃毒作用为主，有一定的触杀作用 | 茶尺蠖类、茶毛虫、毒蛾类、卷叶蛾、刺蛾类 | 对蜜蜂、鸟类毒性很低，对害虫天敌安全；但是对蚕高毒 |
| | 灭幼脲（灭幼脲三号、苏脲一号） | 以胃毒作用为主，有一定的触杀作用 | 茶尺蠖类、茶毛虫、毒蛾类、卷叶蛾、刺蛾类 | 对蜜蜂、鸟类毒性很低，对害虫天敌安全；但是对蚕高毒 |
| | 农梦特（氟苯脲、伏虫隆） | 主要是抑制昆虫几丁质的形成，影响内表皮生成，使昆虫不能顺利蜕皮而死亡 | 茶尺蠖类、茶毛虫 | ①对蜜蜂、鸟类毒性很低，对害虫天敌安全；但是对蚕高毒<br>②不能与碱性农药混用 |

续表

| 类别 | 名称 | 作用方式 | 防治对象 | 备注 |
|---|---|---|---|---|
| 硝基亚甲基类 | 吡虫啉（大功臣、蚜虱净、康福多） | 具有胃毒、触杀和内吸作用 | 叶蝉、蚜虫、粉虱、蓟马 | 对害虫天敌等有益生物无害，对环境安全 |
| 吡啶类杀虫剂 | 啶虫脒 | 具有触杀和胃毒作用，有较强的渗透作用 | 叶蝉、蚜虫、粉虱、蓟马 | 对害虫天敌、蜜蜂、鸟类毒性很低 |

（二）杀螨剂

杀螨剂是防治茶园中害螨的专用农药。由于螨类在茶树上具有发生代数多、繁殖快、同一时间会同时出现成螨、幼螨、若螨和卵等不同发育阶段，而且螨类在接触杀螨剂后通常容易产生抗性。一般杀螨剂虽能杀死部分成螨、幼螨、若螨，但通常不能杀死螨卵，因此，防后效果不很理想。理想的杀螨剂是既能杀死成螨、幼螨、若螨，而且还能杀死螨卵。

杀螨剂多属于低毒化合物，对人、畜比较安全。杀螨剂在生产实践中易产生抗药性问题，因植食性螨类通常发生代数多，对杀螨剂产生抗性快，但是不同类别的杀螨剂间不会出现交互抗性。所以，在生产实践中可以用不同类别的杀螨剂轮换使用，以避免或延迟抗药性的发生。

杀螨剂按其化学成分可以分为以下几类：有机氮杂环类、有机硫类、拟除虫菊酯类、杂环类等。见表49。

表49　茶园适用杀螨剂的品种、作用方式及防治对象

| 类别 | 名称 | 作用方式 | 防治对象 | 备注 |
|---|---|---|---|---|
| 有机氮杂环类 | 四螨嗪（阿波罗、螨死净） | 具有很强的触杀作用（幼、若螨） | 对幼、若螨效果好，对螨卵活性高。对成螨效果差 | ①对害虫天敌、蜜蜂、鸟类等有益动物安全<br>②不能与碱性农药混用 |
| 有机硫类 | 克螨特（丙炔螨特） | 对害螨具有触杀和胃毒作用 | 对成螨和若螨效果好，杀卵效果差 | ①对害虫天敌、蜜蜂、鸟类毒性很低<br>②不能与碱性农药混用 |
| 杂环类 | 灭螨灵（扫螨净、哒螨灵） | 对害螨具有强触杀作用 | 对成螨、幼螨、若螨和卵均有效。可兼治叶蝉和蚜虫 | ①对蜜蜂、鱼、鸟类有毒<br>②不能与碱性农药混用 |
| 拟除虫菊酯类 | 氟苯菊酯（杀螨菊酯、罗素发） | 对害螨具有触杀和胃毒作用 | 对成螨、幼螨、若螨均有效。对叶蝉、蚜虫、蓟马、粉虱等刺吸式口器害虫活性高 | ①对鱼剧毒，对蜜蜂低毒，对捕食螨、瓢虫等害虫天敌安全<br>②不能与碱性农药混用 |
|  | 溴螨酯（螨代治） | 对害螨具有较强的触杀作用 | 对成螨、幼螨、若螨和卵均有效 | 对鱼剧毒，对蜜蜂、鸟类低毒 |

（三）杀菌剂

杀菌剂是用来防治茶树病害的农药。凡对茶树的病原微生物能起毒杀作用或抑制作用的药剂，都属于杀菌剂。总体说来，茶叶生产中杀菌剂的应用远不及杀虫剂普遍，因为茶树上病害的发生不如茶树害虫的发生普遍而严重。

杀菌剂按其作用方式可以分为三类：①保护剂。当病原物还没有接触茶树，或虽已接触但还未侵入茶树组织之前，用药剂处理茶树以保护茶树免受病害，这种作用称为

保护作用。常用的保护剂为波尔多液。②治疗剂。病原物已经侵入茶树体内，但尚未出现症状或初出现症状，此时用药剂来处理茶树，可以杀死或抑制病原物，使茶树不再发病，这种作用成为治疗作用。常用的治疗剂如多菌灵、甲基托布津。③内吸剂。药剂可通过茶树的茎、叶、根系吸收而进入茶树体内，并能在茶树体内输导传送到茶树的其他部位，而起到杀菌、防病和治疗作用。常见的内吸剂如三乙磷酸铝、甲基托布津。见表50。

表50　茶园适用杀菌剂的品种、作用方式及防治对象

| 名称 | 作用方式 | 防治对象 | 备注 |
| --- | --- | --- | --- |
| 波尔多液 | 施药后黏附在茶树表面形成一层保护膜，并导致茶树表面水的酸化，逐渐释放出铜离子，使真菌细胞膜上的蛋白质凝固，还可以影响真菌酶的活性，从而抑制真菌孢子萌芽和菌丝发育 | 茶饼病、茶白星病、茶云纹叶枯病、茶红锈藻病、茶枝梢黑点病、地衣苔藓 | ①本剂呈碱性，不能与一般农药混用<br>②不宜在采摘期使用 |
| 百菌清 | 防止茶树受到真菌的侵染，能与真菌细胞中的酶发生作用，使真菌细胞的新陈代谢受到破坏而丧失生命力 | 茶炭疽病、茶饼病、茶红锈藻病、茶云纹叶枯病 | ①对鱼高毒，对蜜蜂、鸟类毒性低<br>②不能与碱性农药混用 |
| 多菌灵 | 具有保护和治疗作用，机制为阻碍细胞有丝分裂中纺锤体的形成，并能干扰核酸的合成 | 茶云纹叶枯病、茶枝梢黑点病、茶轮斑病、茶苗白绢病 | ①不能与含铜杀菌剂混用<br>②连续使用会产生抗药性 |
| 三唑酮 | 具有保护、治疗、铲除和熏蒸作用，作用机制是干扰菌体的菌丝生长和孢子的形成 | 茶芽枯病、茶白星病、茶云纹叶枯病、茶枝梢黑点病、茶炭疽病、茶树根腐病 | |

续表

| 名称 | 作用方式 | 防治对象 | 备注 |
| --- | --- | --- | --- |
| 三乙膦酸铝 | 具有内吸、保护和治疗作用 | 茶红锈藻病、茶苗白绢病 | ①对蜜蜂和野生动物安全<br>②不能与碱农药混用<br>③连续使用容易产生抗药性 |

（四）杀线虫剂

杀线虫剂是用来防治土壤中寄生在茶树上的寄生先线虫的药剂。这类药大多有熏蒸作用，杀虫和杀菌作用。见表51。

**表51　茶园适用杀线虫剂的品种、作用方式及防治对象**

| 名称 | 作用方式 | 防治对象 | 备注 |
| --- | --- | --- | --- |
| 棉隆（必速灭） | 具有强的熏蒸作用 | 茶根结线虫，兼治地下害虫和杂草 | ①对鱼类中毒，对蜜蜂无毒<br>②只能土壤施用，不可作叶面喷雾 |

（五）除草剂

除草剂是用来防治茶园杂草的药剂。茶园除草剂按其杀草的性质可分为：①灭生性除草剂。此除草剂是一类非选择性除草剂，它对各种植物没有选择性，所有植物接触到这类除草剂都会伤害致死。这类除草剂适宜用于休闲地、茶园边等处杀灭杂草。②选择性除草剂。这是一类具有较强选择性的除草剂，可以毒杀某种或某一类杂草，而对作物是安全的。如西马津。见表52。

表 52　茶园适用除草剂的品种、作用方式及防治对象

| 名称 | 作用方式 | 防治对象 | 备注 |
| --- | --- | --- | --- |
| 西马津（西马嗪） | 是一种选择性内吸传导型土壤处理除草剂 | 狗尾草、看麦娘、莎草、早熟禾 | |
| 莠去津（阿特拉津） | 是一种选择性内吸传导型苗前、苗后除草剂 | 防治一年生禾本科和阔叶杂草 | |
| 扑草净（捕草净） | 是一种选择性内吸传导型除草剂 | 防治一年生禾本科和阔叶杂草 | 对蜜蜂、鲤鱼毒性中等 |
| 草萘胺（敌草胺、大惠利） | 是选择性芽前土壤处理剂 | 对多种 1 年生杂草在萌动而未出土前有效，出土后无效，对多年生杂草无效 | 对鱼和鸟类低毒 |
| 草甘膦（农达、镇草宁） | 内吸传导型除草剂 | 对 1 年生、多年生单子叶、双子叶杂草 | ①对水生生物低毒，对天敌及有益生物安全<br>②必须在杂草出苗后施用才有效 |

## 二、生物农药的种类、作用方式及防治对象

生物农药的种类较多，根据其来源可分为植物源、动物源、矿物源和微生物源四类。生物农药的防治效果与化学农药相比要慢一些和差一些，但是具有可降解、无残留或残留极低，对人畜、环境及天敌安全等优点，所以在无公害茶园，特别是有机茶园和绿色食品（茶）AA 级茶园中需要对病虫害进行防治时可以按标准使用生物农药。

（一）植物源生物农药

植物源生物农药是直接利用具有杀虫活性的植物某些部位杀虫，如鱼藤的根、除虫菊的花；或降植物中的杀虫物质提取出来加工成制剂，如鱼藤酮、苦参碱、印楝素等。见表53。

**表53　茶园适用植物源生物农药的品种、作用方式及防治对象**

| 名称 | 作用方式 | 防治对象 | 备注 |
|---|---|---|---|
| 鱼藤酮 | 属选择性中等毒性植物源杀虫剂，具有触杀和胃毒作用 | 茶尺蠖类、茶毛虫、茶蚕、卷叶蛾、刺蛾类、叶蝉、蚜虫 | ①施药后易分解，基本无残留<br>②对鱼、猪高毒<br>②不能与碱性农药混用 |
| 苦参碱 | 属低毒的植物源杀虫剂，具有触杀和胃毒作用 | 茶毛虫、毒蛾类、蚜虫 | ①施药后在环境中降解，无残留<br>②对人畜毒性很低 |
| 印楝素 | 属低毒的植物源杀虫剂，具有触杀和胃毒作用 | 茶尺蠖类、茶毛虫、茶蚕、卷叶蛾、刺蛾类、叶蝉、蚜虫 | ①施药后在环境中降解，无残留<br>②对人畜毒性很低 |

（二）动物源

包括性信息素、互利素，寄生性、捕食性的天敌动物，如赤眼蜂、瓢虫、捕食螨、各类天敌蜘蛛及昆虫病原线虫等，在茶叶生产实际中尚未得到广泛应用。这里不做详细介绍。

（三）矿物源生物农药

包括石硫合剂、硫悬浮乳剂、可湿性硫等，见表54。

表54 茶园适用矿物源生物农药的品种、作用方式及防治对象

| 名称 | 作用方式 | 防治对象 | 备注 |
| --- | --- | --- | --- |
| 石硫合剂 | 属保护性无机硫杀菌剂。施药后，在空气中容易被氧化生成硫黄细粒并释放出少量硫化氢，具有杀菌作用，兼有杀螨、杀虫作用 | 茶叶螨类、蚧类、粉虱，茶忮膏药病等茎病。 | ①使用时，必须注意气温低于15℃和控制使用浓度在0.5～1.0波美度，超过1波美度就会使茶树产生药害<br>②最好作为茶园封园药使用 |
| 硫悬浮乳剂 | 参见石硫合剂 | 参见石硫合剂 | 参见石硫合剂 |
| 可湿性硫 | 参见石硫合剂 | 参见石硫合剂 | 参见石硫合剂 |

（四）微生物源农药

（1）农用抗生素：多抗霉素、浏阳霉素、华光霉素、春雷霉素。

（2）活体微生物农药：白僵菌、苏云金杆菌、核型多角体病毒、颗粒体病毒、绿僵菌。见表55。

表55 茶园适用微生物源农药的品种、作用方式及防治对象

| 名称 | 作用方式 | 防治对象 | 备注 |
| --- | --- | --- | --- |
| 多抗霉素（多效霉素） | 是一种广谱抗生素杀菌剂，具有较好的内吸传导作用 | 茶饼病、茶云纹叶枯病等 | 对人畜低毒，对天敌及有益生物安全 |
| 苏云金杆菌（Bt） | 是一种低毒的细菌性杀虫剂，对害虫具有胃毒作用 | 主要防治茶尺蠖类、茶毛虫、茶蚕、卷叶蛾、刺蛾类等鳞翅目幼虫 | 对人畜、天敌及有益生物安全 |

续表

| 名称 | 作用方式 | 防治对象 | 备注 |
| --- | --- | --- | --- |
| 白僵菌 | 是一种真菌杀虫剂，杀虫作用是靠分生孢子接触虫体后，在适宜的温度和湿度条件下，萌芽侵染虫体，然后进入血腔，吸取虫体营养后，大量繁殖，并分泌毒素，使虫体致病。3～5天后害虫死亡，体表长出白色茸毛状的孢子，虫尸变成白色僵硬状，又叫“白僵虫”。孢子借助风力扩散，进行再侵染，使病菌蔓延 | 茶丽纹象甲，茶尺蠖类、茶毛虫、毒蛾类、卷叶蛾、刺蛾类、叶蝉 | 对人畜、天敌及有益生物安全 |
| 核型多角体病毒（简称NPV） | 是一种病毒杀虫剂，对害虫具有胃毒作用；因此病毒致死的病虫的粪便和虫体通过风雨、天敌进行再度蔓延扩散，使病毒病流行 | 已有茶尺蠖NPV杀虫剂、茶毛虫NPV杀虫剂、油桐尺蠖NPV杀虫剂 | ①对人畜、天敌及有益生物安全<br>②针对性强，一种病毒一般只能寄生一种昆虫，而且只能寄生在活虫体中<br>③持效期长，一般至少2年 |

## 第四节　茶园病虫草害无公害治理的主要技术措施

### 一、改善茶园生态环境，增加茶园植物多样性，加强生态调控的力度

茶园生态环境是茶树有害生物和有益生物种群的栖息生境，是实现茶园生态调控的重要基础。参照前面所述的茶园植物多样性配置的原则，增加茶园植物多样性，进而

增加茶园昆虫多样性，改善茶园生态环境，营造一个良好的功能完善的茶园生态系统。最终加强茶园自然调控的能力，使益害生物维持在一个低数平衡的状态。这也是我们改善茶园生态环境的最终目标。

## 二、加强茶园栽培管理措施，发挥农业防治的基础作用

以茶园田间栽培管理为基础的农业防治是以改变茶园生态系统中的益害生物种群的栖息生境为主要目标，是茶园病虫草害无公害治理中的一项温和的调节措施。主要包括选用抗病虫茶树品种、合理耕作、施肥、采摘、修剪和冬季管理。

### （一）选用抗性茶树品种

发展新植茶园或老茶园改植换种时，要选用对当地主要病虫害有较高抗性的无性系品种，在满足适制茶类的前提下尽可能选择和搭配不同的无性系品种，增加茶树品种的多样性，增强茶园生态调控的能力。避免单一品种的大面积种植造成的某一种病虫害的大量发生，例如日本大面积种植、推广素北品种造成的炭疽病的大发生。

### （二）合理耕作

有些茶树害虫的某一个虫态或几个虫态生活在土壤中或在土壤中越冬，如多数尺蠖（茶尺蠖、油桐尺蠖）在茶丛根基浅土中化蛹和越冬，还有一些刺蛾类（茶刺蛾、扁刺蛾和褐刺蛾）在根基枯枝落叶和土壤缝间结茧化蛹和越冬，茶丽纹象甲的卵、幼虫和蛹均生活在土中。云纹叶枯病的病叶落在土表可作为第二年初侵染的来源等等。通过中耕除草和冬耕施肥，可将这些病虫翻入土壤深处或将土中的虫蛹、卵翻出土表，恶化其生存环境，阻止其羽化出

土或使其腐烂死亡，或晒死、冻死，同时还有机械杀伤作用，减少来年病虫基数。因此，合理耕作是农业防治病虫害发生的一项有效措施。

（三）合理采摘

分批及时采摘可摘除或带走大量病虫，对以幼嫩芽叶为食的叶蝉类、蓟马类、螨类、茶饼病等具有明显的抑制作用。

（四）合理修剪

轻修剪对蓑蛾、卷叶蛾，钻蛀性害虫、茶树茎病，同时对叶蝉类、蓟马类、螨类、茶饼病等具有明显的防治作用。疏枝清园将茶蓬下部密而细的弱的茶枝和病虫枝剪去，茶行间进行边缘修剪，使茶园行间通风透光，从而改变茶园小气候，减少病虫害的发生。

（五）合理施肥

茶树在缺肥的情况下，生长势不旺盛，抵抗能力降低，就容易感染茶云纹叶枯病、茶白星病等病害。但是偏施氮肥又使茶芽中酸性氨基酸组分的数量增加，而碱性氨基酸组分的数量减少，这样有利于刺吸式口器或者趋嫩性害虫的发生。适当增施磷钾肥，可以减轻茶炭疽病、白星病以及螨类的发生。所以应该提倡在茶园中使用饼肥、农家肥、沼气液等有机肥，在施用前进行无害化处理，这样既无污染，又能促进茶树健康成长。

## 三、保护和利用天敌资源，大力发展生物防治

天敌等有益生物是茶园生态系统中除茶树、有害生物外的又一个营养级。它具有专一、同步性强和不污染环境的特点，也是茶园害虫生态调控的一种有力手段。茶树作

为一种饮用植物，提倡生物防治，减少农药使用量具有特殊的现实意义。生物防治包括有益微生物、病毒、捕食性天敌和寄生性天敌。

（一）有益微生物的应用

在茶树病虫防治上获得成功的有苏云金杆菌（BT）等昆虫病原细菌；白僵菌、韦伯虫座孢菌、粉虱拟青霉、蚜霉、座壳孢菌等20多种昆虫病原真菌。目前已有粉虱真菌制剂在茶叶生产中推广。昆虫病原真菌需要在高湿环境条件下侵染害虫并繁殖扩展，因此，需要将环境条件控制在温和、高湿或者雨后施用效果才好。

（二）病毒的应用

在茶树害虫的防治上已经获得很大的成功。目前，我国已经从40多种茶树害虫上分离得到81种昆虫病毒，其中核型多角体病毒45种，颗粒病毒24种，质型多角体病毒9种，非包涵体类病毒3种。茶尺蠖NPV病毒、茶毛虫NPV病毒在我国已经达到生产应用的规模，得到广泛应用。由于病毒怕紫外线照射，还有害虫在感染病毒后的致死期较长，一般约10天。因此，以在1、2、5代1~2龄幼虫期，虫口密度较低（低于防治指标）时并避免高温的夏季使用为宜。

（三）捕食性天敌的应用

捕食性天敌包括鸟类、蜘蛛、草蛉、瓢虫、捕食性螨类等。一般是杂食性的，对寄主害虫的选择范围广，种群相对稳定，对害虫的自然控制作用比寄生性天敌大，其中蜘蛛种群占80%~90%，具有数量大、繁殖力强、种类多等特点，对茶园害虫种群的控制比较明显。据报道，在一定的猎物范围内，每个蜘蛛可捕食害虫6～10头，对假小绿叶蝉的控制作用可以达到60%以上。另外，捕食性螨类对害螨的控制作用也很明显。

（四）寄生性天敌的应用

寄生性昆虫天敌主要指的是寄生蜂、寄生蝇等，对害虫种群的自然控制作用比较明显，一方面可以使那些潜在性害虫长期受到控制而不造成危害，如茶白青蛾幼虫期经常受到青蛾瘦姬蜂的寄生，长期处于一种低数平衡的状态，表现为零星发生。另一方面也可以把关键性害虫控制在发生为害造成经济损失之前，如茶尺蠖绒茧蜂对茶尺蠖种群的寄生率可以达到70%，使3幼虫在3龄前死亡。但是利用寄生性天敌防治害虫在茶叶生产上还不普遍，主要是以保护天敌为主。

常用的保护措施有：在进行茶园修剪、耕作等管理措施时，要给天敌一个缓冲带，减少对天敌的损伤。先将茶园修剪、台刈下来的枝条集中堆放在茶园附近，让天敌飞回到茶园后，再将枝条集中进行处理。人工采除的害虫卵块、虫苞、护囊上都有很多天敌寄生，宜堆放在茶园附近或者放入寄生蜂保护期内，待寄生蜂、寄生蝇类等天敌羽化飞回到茶园后，再集中处理。也可人为释放到天敌少、寄主害虫多的茶园去，使其繁衍扩展。

## 四、利用害虫的各种趋性，充分应用物理机械防治

目前主要有两种方法：诱杀法和人工捕杀法

（一）诱杀法

利用昆虫的趋光性、趋化性、趋色性或害虫种群自身间的化学信息传递进行引诱，并杀死害虫的方法。可分为：

灯光诱杀，糖醋诱杀，性信息素诱杀三种方法。

1. 灯光诱杀

利用害虫的趋光性诱杀害虫。最传统的方法是在茶园中装置黑光灯，在灯光下放置一个较大的水盆，每天晚上开灯，可以引诱毒蛾、尺蠖、刺蛾、卷叶蛾、天牛等成虫飞来，掉入水中淹死。现在市面上已经有商品化的频振式杀虫灯，使用方便，减少了自制杀虫灯的麻烦和诱杀水盆换水的烦琐，只需要在灯的下方放置一个容器即可。

2. 糖醋诱杀

利用害虫趋化性的特点诱杀害虫。方法是将糖醋放在一起制成糊状糖液，然后涂在盆钵内放在茶园中，引诱具有趋化性的地老虎、卷叶蛾等成虫飞来取食，害虫接触到糖醋液后被粘连而死。

3. 黏虫色板

利用害虫对某种颜色如黄色的趋色性来诱杀害虫。通常是在茶园中安置黏性黄板，引诱具有趋色性的小绿叶蝉、蚜虫、蓟马类害虫的成虫飞来被粘附到黄板上而死亡。

4. 性信息素诱杀

利用害虫种群自身的性信息素诱杀害虫。可以从田间捕捉幼虫，饲养到花蛹将雌雄分开。将雌虫放在容器内，然后安置在茶园内，下面放置一个盛水的小盆，夜间雌虫释放所产生的性信息素引诱雄虫飞来掉入水中淹死。

图 32　绿色防控技术：黄板、绿板、频振灯等。

## 五、合理进行化学防治，实现无公害生产

化学防治具有高效、速效的特点，在实际生产中尚不能用其他防治方法完全代替。但是，在使用不当的情况下，会出现环境污染、茶叶农药残留高、害虫产生抗药性以及天敌严重被破坏而引起害虫更加猖獗等弊病。

### （一）合理选用农药品种

茶园用药要严格参照附表中的无公害茶园可使用的农药品种及其安全标准、附表 A 中的茶园主要病虫害的防治指标、防治适期及推荐使用药剂和附表 C 无公害茶园禁止使用的农药品种执行。在选用茶园适用农药时，如果有几种农药可以选用，最好选用对天敌、人畜、鱼类等较安全的农药品种。

表 56 茶园主要病虫害的防治指标、防治适期及推荐使用药剂

| 病虫害名称 | 防治指标 | 防治适期 | 推荐使用药剂 |
|---|---|---|---|
| 茶尺蠖 | 成龄投产茶园；幼虫量每平方米 7 头以上 | 喷施茶尺蠖病毒制剂应掌握在 1 龄 ~ 2 龄幼虫期，喷施化学农药或植物源农药掌握在 3 龄前幼虫期 | 茶尽蠖病毒制剂、鱼藤酮、苦参碱、联苯菊酯、氯氰菊酯、溴氰菊酯、除虫脲 |
| 茶黑毒蛾 | 第一代幼虫量每平方米 4 头以上；第二代幼虫量每平方米 7 头以上 | 3 龄前幼虫期 | Bt 制剂、苦参碱、溴氰菊酯、氯氧菊酯、联苯菊酯、除虫脲 |
| 假眼小绿叶蝉 | 第一峰百叶虫量超过 6 头或每平方米虫量超过 15 头；第二峰百叶虫量超过 12 头或每平方米虫量超过 27 头 | 施药适期掌握在人峰后（高峰前期）且若虫占总量的 80% 以上 | 白僵菌制剂、鱼藤酮、吡虫啉、杀螟丹、联苯菊酯、氯氰菊酯、三氟氯氰菊酯 |
| 茶橙瘿螨 | 每平方厘米叶面积有虫 3 ~ 4 头，或指数值 6 ~ 8 头 | 发生高峰期以前，一般为 3 月中旬至 6 月上旬，8 月下旬至 9 月上旬 | 克螨特、灭螨灵 |
| 茶丽纹象甲 | 成龄投产茶园每平方米 15 头以上 | 成虫出土盛末期 | 白僵菌、杀螟丹、联苯菊酯 |
| 茶毛虫 | 百丛卵块 5 个以上 | 3 龄前幼虫期 | 茶毛虫病毒制剂、Bt 制剂、溴氰菊酯、氯氧菊酯联苯菊酯、除虫脲 |
| 黑刺粉虱 | 小叶种 2 头~ 3 头/叶，大叶种 4 头/叶~ 7 头/叶 | 卵孵化盛末期 | 辛硫磷、吡虫啉、粉虱真菌 |
| 茶蚜 | 有蚜芽梢率 4% ~ 5%，芽下二叶有蚜叶上平均虫口 20 头 | 发生高峰期，一般为 5 月上中旬和 9 月下旬至 10 月中旬 | 吡虫啉、辛硫磷、溴氰菊酯 |

续表

| 病虫害名称 | 防治指标 | 防治适期 | 推荐使用药剂 |
| --- | --- | --- | --- |
| 茶小卷叶蛾 | 1、2代，采摘前，每米茶丛幼虫数8头以上3~4代每平方米幼虫量15头以上 | 1、2龄幼虫期 | 溴氰菊酯、三氟氯氰菊酯 |
| 茶细蛾 | 百芽梢有虫7头以上 | 潜叶、卷边期（1龄~3龄幼虫期） | 苦参碱溴氰菊酯、三氟氯氰菊酯、氯氰菊酯 |
| 茶刺蛾 | 每平方米幼虫数幼龄茶园10头、成龄茶园15头 | 2、3龄幼虫期 | 参照茶尺蠖 |
| 茶芽枯病 | 叶罹病率4%~6% | 春茶初期，老叶发病率4%~6%时 | 石硫合剂、多菌灵 |
| 茶白星病 | 叶罹病率6% | 春茶期，气温在16~24℃，相对湿度80%以上；或叶发病>6% | 石硫合剂、多菌灵 |
| 茶饼病 | 芽梢罹病率35% | 春、秋季发病期，5天中有3天上午日照<3小时，或降雨量>2.5~5毫米；芽梢发病率>35% | 石硫合剂、多抗霉素、百菌清 |
| 茶云纹叶枯病 | 叶罹病率44%；成老叶罹病率10%~15% | 6月、8~9月发生盛期，气温>28℃，相对湿度>80%或叶发病率10%~15%施药防治 | 石硫合剂、多菌灵 |

表 57　无公害茶园可使用的农药品种及其安全标准

| 农药 | 使用剂量克（毫升）/667 平方米 | 稀释倍数 | 安全间隔期（天） | 施药方法、每季最多使用次数 |
|---|---|---|---|---|
| 50% 辛硫磷乳油 | 50 ~ 75 | 1 000 ~ 1 500 | 3 ~ 5 | 喷雾 1 次 |
| 2.5% 三氟氯氰酯乳油 | 12.5 ~ 20 | 4 000 ~ 6 000 | 5 | 喷雾 1 次 |
| 2.5% 联苯菊酯乳油 | 12.5 ~ 25 | 3 000 ~ 6 000 | 6 | 喷雾 1 次 |
| 10% 氯氰菊酯乳油 | 12.5 ~ 20 | 4 000 ~ 6 000 | 7 | 喷雾 1 次 |
| 2.5% 溴氰菊酯乳油 | 12.5 ~ 20 | 4 000 ~ 6 000 | 5 | 喷雾 1 次 |
| 10% 吡虫啉可湿性粉剂 | 20 ~ 30 | 3 000 ~ 4 000 | 7 ~ 10 | 喷雾 1 次 |
| 98% 巴丹可溶性粉剂 | 50 ~ 75 | 1 000 ~ 1 200 | 7 | 喷雾 1 次 |
| 0.36% 苦参碱乳油 | 75 | 1 000 | 7[a] | 喷雾 |
| 2.5% 鱼藤酮乳油 | 150 ~ 250 | 300 ~ 500 | 7 | 喷雾 |
| 20% 除虫脲悬浮剂 | 20 | 2 000 | 7 ~ 10 | 喷雾 1 次 |
| 99.1% 敌死虫 | 200 | 200 | 7[a] | 喷雾 1 次 |
| Bt 制剂（1 600 国际单位） | 75 | 1 000 | 3[a] | 喷雾 1 次 |
| 茶尺蠖病毒制剂（0.2 亿 PIB/毫升） | 50 | 1 000 | 3[a] | 喷雾 1 次 |
| 茶毛虫病毒制剂（0.2 亿 PIB/毫升） | 50 | 1 000 | 3[a] | 喷雾 1 次 |
| 白僵菌制剂（100 亿孢子/克） | 100 | 500 | 3[a] | 喷雾 1 次 |
| 粉虱真菌制剂（100 亿孢子/克） | 100 | 200 | 3[a] | 喷雾 1 次 |

续表

| 农药 | 使用剂量克（毫升）/667平方米 | 稀释倍数 | 安全间隔期（天） | 施药方法、每季最多使用次数 |
|---|---|---|---|---|
| 41%草甘膦水剂 | 150～200 | 150 | 15[a] | 定向喷雾 |
| 45%晶体石硫合剂 | 300～500 | 150～200 | 采摘期不宜使用 | 喷雾 |
| 石灰半量式波尔多液（0.6%） | 75 000 | | 采摘期不宜使用 | 喷雾 |
| 75%百菌清可湿性粉剂 | 75～100 | 800～1 000 | 10 | 喷雾 |

a 表示暂时执行的标准。

**表58　无公害茶园禁（停）止使用的农药品种**

| 农药种类 | 农药名称 | 禁（停）用原因 |
|---|---|---|
| 无机砷杀虫剂 | 砷酸钙、砷酸铅 | 高毒 |
| 无机砷杀菌剂 | 甲基胂酸锌（稻脚青）、甲基胂酸铵（田安）、福美甲胂、福美胂 | 高残留 |
| 有机锡杀菌剂 | 薯瘟锡（毒菌锡）、三苯基醋酸锡、三苯基氯化锡、氯化锡 | 高残留、慢性毒性 |
| 有机汞杀菌剂 | 氯化乙基汞（西力生）、醋酸苯汞（赛力散） | 剧毒、高残留 |
| 有机杂环类 | 敌枯双 | 导致畸形 |
| 氟制剂 | 氟化钙、氟化钠、氟化酸钠、氟乙酰胺、氟铝酸钠 | 剧毒、高毒、易造成药害 |
| 有机氯杀虫剂 | DDT、六六六、林丹、艾氏剂、敌氏剂、五氯酚钠、硫丹 | 高残留 |
| 有机氯杀螨剂 | 三氯杀螨醇 | 工业品含有一定数量的DDT |
| 卤代烷类熏蒸杀虫剂 | 二溴乙烷、二溴氯丙烷、溴甲烷 | 致癌、致畸 |

续表

| 农药种类 | 农药名称 | 禁（停）用原因 |
|---|---|---|
| 有机磷杀虫剂 | 水胺硫磷、甲胺磷、乙酰甲胺磷、甲基对硫磷（甲基1605）、对硫磷、甲拌磷、乙拌磷、甲基异柳磷、久效磷、磷胺、地虫磷（大风雷）、氧化乐果、速扑杀、灭多威（万灵）、涕灭威、内吸磷 | 高毒、高残留 |
| 氨基甲酸酯杀虫剂 | 克百威（呋喃丹）、丁（丙）硫克百威、涕灭威 | 高毒 |
| 二甲基甲脒类杀虫杀螨剂 | 杀虫脒 | 慢性毒性、致癌 |
| 拟除虫菊酯类杀虫剂 | 氰戊菊酯及其复配制剂 | 高残留 |
| 取代苯杀虫杀菌剂 | 五氯硝基苯、稻瘟醇（五氯苯甲醇）、苯菌灵（苯莱特） | 有致癌报道或二次药害 |
| 二苯醚类除草剂 | 除草醚、草枯醚 | 慢性毒性 |
| 备注：停用农药 | 敌敌畏、赛丹、乐果、苯菌灵、甲基托布津、四螨嗪、克芜踪 | 有慢性毒性或致癌报道等 |

（二）适时施用农药

选择适宜时间施用农药，是安全、经济、有效防治茶园病虫害的重要环节。要根据防治对象的发生规律、为害特点、农药性能和环境条件来确定防治的最佳时间。

1. 在防治对象对药剂最敏感时期施药

不同的防治对象有不同的防治适期，同一防治对象在不同的生长发育阶段或生理状态，对药剂的敏感程度也不相同。害虫的不同虫态中，幼虫和成虫的耐药力弱，而卵、蛹的耐药力强。在同一虫态中，其耐药力也会随龄期、体重、体长的增加而增加，相差可达到几十至几百倍。因此，害虫的低龄期是施药的有利时期。病菌的孢子萌发后，幼嫩的菌管耐药力很低，应抓住病菌尚未侵入茶树组织之前施药，效果最好。杂草种子在萌发前对触杀性除草剂有很强的耐药力，但是，一旦萌动、发芽后耐药力就会大大降低，很容易被杀死。具体适期参见茶园主要病虫害的防治指标、防治适期及推荐使用药剂。

2. 按照防治指标施用农药

防治指标是指害虫种群数量、病害种群密度增加达到造成经济损失，而必须采用防止措施时的临界值，又称为防治标准、防治阈值、经济阈值。也就是说，在病虫发生数量少时，对茶树不构成经济损失的情况下，即病虫种群密度低于防治指标时，是不需要进行防治的。只有当病虫发生数量多到一定程度，即达到防治指标，对茶树可能造成经济损失时，才有必要进行防治。茶园主要病虫的防治指标参见表56中的茶园主要病虫害的防治指标、防治适期及推荐使用药剂。

3. 在天敌隐蔽期施用农药

为了更好地保护和利用天敌，茶园施用农药应尽量防止杀伤天敌，在天敌活动期或天敌种群密度大时，应避免施用农药，宜在天敌隐蔽期如蛹期施药。

（三）安全使用农药

1. 准确使用剂量

使用剂量是推荐用以防治病虫草对象的有效剂量。用药量过高，会增加环境污染，同时造成浪费；用药量太低又会影响防治效果。在茶叶生产中，应严格按照各种农药的规定用量或稀释倍数，不能随意提高或降低。茶园可使用的农药品种的稀释倍数参见表57中无公害茶园可使用的农药品种及其安全标准。

2. 安全间隔期

安全间隔期又称为等待期。农药喷施在茶树上以后必须间隔或等待多少天后方可进行鲜叶采摘。这是降低农药残留的一项关键措施。因为喷施在茶树芽叶上的农药，随着时间的推进而逐渐降解。时间越长，降解就越多、越彻底，茶叶中残留的农药就会越少。在生产实际中，切忌缩短安全间隔期。茶园常用农药品种的安全间隔期详见表57中无公害茶园可使用的农药品种及其安全标准。

3. 最多使用次数

最多使用次数是指该农药在一个茶季中最多使用的次数。因为连续使用同一种农药，一方面容易造成该农药的积累，使茶叶中残留量增大，另一方面会诱发害虫和病菌产生抗性，使防治效果降低。在茶叶生产中，通常每种农药每一个茶季最多使用次数为1次。必要时可以轮换使用其他农药品种。

（四）合理的施药方法

施药方法是把农药施用到目标物上所采用的各种技术措施。施用农药的直接靶标是害虫、病原菌、杂草等防治对象，其间接靶标是这些有害生物的栖息场所如茶园内的茶树、杂草及其他植物、土壤等。良好的施药技术要求施药时命中茶园内的茶树、杂草及其他植物茶树的，雾滴大小适中，农药在茶树等靶体上均匀分布，农药在靶体上的沉积量和回收率越高越好，而流失在土壤和大气中的药量则越少越好。

喷药量的多少与药液的雾化细度有关，不同喷雾方法形成的雾滴大小也不相同。按喷药液量的多少，可分为高容量喷雾、中容量喷雾、低容量喷雾和超低容量喷雾。20世纪60年代以前，主要采用高容量喷雾、中容量喷雾，80年代以后喷雾技术有了很大的改进，低容量喷雾和超低容量喷雾就逐渐代替了高容量喷雾、中容量喷雾。用低容量喷雾和超低容量喷雾的施药质量有了明显的提高。

1. 高容量喷雾、中容量喷雾与定向喷雾法

此方法是传统的农药喷雾法，又称为常量喷雾。每667平方米施液量在40升以上（大田作物）或65升以上（树木或灌木林）为高容量喷雾，这种喷雾法喷出的雾滴很粗大，所以又称为粗喷雾法。每667平方米施液量在13.3～40升以上（大田作物）或33.3～65升以上（树木或灌木林）为中容量喷雾。这两种喷雾方法的特点是喷液量大，雾滴粗大而不均匀，可把作物表面大部分打湿，但很大部分摇液流失在土面上。农药在生物靶体如茶树上的沉积量低，导致农药的用量增加和施药的次数增多，所以工效低，既费工也耗水，经济效益低，环境污染大。随着高效、超高效、低残留农药的迅速发展，传统的农药喷雾法必将逐渐被经济、高效的低容量喷雾和超低容量喷雾所取代。

定向喷雾法是指将喷头直接对准茶树等靶体喷雾的喷洒方式。喷出的雾流朝着预定的方向运动，雾滴能较准确地落在目标靶体茶树上，较少散落或飘移到空气中或其他非靶体上。目前生产中使用的背负式手动喷雾器的常量喷雾法即属于定向喷雾法。

2. 低容量喷雾、超低容量喷雾与飘移喷雾法

低容量喷雾法指的是每667平方米茶园中施液量在

13.3～33.3升；很低容量喷雾指的是每667平方米茶园中施液量在3.3～13.3升；超低容量喷雾指的是每667平方米茶园中施液量在3.3升以下。一般茶园提倡使用低容量喷雾法和很低容量喷雾，在高山或缺水茶园提倡使用超低容量喷雾。

利用风力使雾滴飘移沉积在目标物体上的喷洒方式即为飘移喷雾法。飘移距离与风速成正比，风速大飘移远，风速小飘移近；而与雾滴大小成反比，雾滴越小，飘移越远，较大雾滴则沉积在附近。低容量喷雾、超低容量喷雾就属于飘移喷雾法。

## 六、合理应用各种技术措施，实现综合防治

### （一）综合防治的概念

综合防治一词是美国学者Bartlt最先于1958年提出的，他主张应把化学防治和生物防治综合起来使用，即当时的IPC系统。1961年，Geer和Clarr把综合一词改为病虫害管理，即IPM系统。对病虫管理系统的解释，各国专家大同小异，比如美国史密斯认为，病虫害管理是以互不矛盾的方式协调使用各种措施，把害虫种群密度控制在经济临界线以内，并维持这个低水平的害虫种群密度。日本一些学者认为，害虫管理就是协调各种防治措施，最大限度地排除农药对生态环境可能引起的破坏，苏联学者K·B罗沃克洛夫等认为："综合防治中最重要的是如何利用自然本身，即如何调节自然界的天敌资源。"我国学者邹钟麟教授提出综合防治是"深入了解害虫生态系统内有关因素的特性，动态和相互联系的全貌，从整体考虑，采用有效技术，或在系统内加强某一因素等，结合必要的化学防治，使害虫

种群密度在生态系统内长期被压低在经济临界线以下。”综合上述，可以认为，病虫害治理就是要“充分发挥自然控制因子的作用，协调采用各种有效技术措施，使农业生态系统向着优质、高效、无污染的方向发展，把有害生物长期控制在经济临界线以内。”换句话讲，综合治理必须优先考虑自然控制因素，包括生物和非生物因素对害虫的控制能力。当控制失败时，再引入人为控制因子，调节生态平衡的移动方向，从而使害虫种群密度始终保持较低的，对农作物无经济损失的程度。

也许有人认为综合防治说来容易，做来难办。正是如此，在过去的若干年里，不少人把综合防治看成是各种措施的机械凑合。有人认为一种药杀多种虫，或几种药混用控制一种或多种虫就是综合防治。因此也有人提出了以农业防治为主的综合防治，以生物防治为主的综合防治，以化学防治为主的综合防治等等，有人干脆把综合防治说成是以农业防治为主的病虫防治的方法。他们忽略或否定了综合治理实际上是一个生态学问题，而不仅仅是一种单一的杀灭病虫害的问题。实践证明，消灭植物病虫害既不可能，也无必要。因为任何植物都有一定的抗性，在此范围内，“害虫”不会造成损失。这就是所谓经济允许水平，这样的“害虫”是没有必要去消灭它的。

因此，综合治理方案的设计应考虑如下几个问题，一是经济效益，二是生态效益，三是社会效益。所谓经济效益就是要使防治费用低于可能造成的损失，即是说要用最少的代价换回最大的利润，这样的防治才是有效的，否则将得不偿失。当然，这种情况不包括某些特殊情况，比如保护引进品种，繁育良种等，有时取得的效益暂时很低，但却付出了庞大的代价。所谓生态效益是指在防治病虫害的同时不破坏生态结构，或者影响极微。病虫害管理体系中的生态效益主要包括对害虫的天敌生物的影响。如果防治病虫害的某种措施虽然暂时控制了病虫的猖獗，但却长久地破坏了生态环境，造成了严重的污染，降低了或者甚至刺激了次级害虫的发生，或者引起主要害虫再度猖獗。这样的措施从长远来看，应该说是无效的或基本无效的。社会效益是指防治措施对社会，对人类，对其他生物的影响，如农药残留、水质污染、土壤污染、产品污染等。

（二）制定综合治理方案的原则

如何协调各主要技术措施是病虫害综合治理的关键问题。这里重点讨论化学防治、生物防治和农业技术措施等的联系和协调。

上述几大技术措施之任何一种都可引起茶园生态系统结构的变化，这种变化可能是有益的，例如释放大量天敌昆虫可以改变益害比，从而控制目标昆虫的猖獗；也可能是有害的，例如，滥用农药杀死了主要害虫的天敌和竞争性昆虫，造成次级害虫上升，主要害虫再度猖獗，茶园污染，农残上升等。当然农药对生态环境的影响有一定的时间和空间范围。但是，农药对生态环境中昆虫群落结构的影响是不可忽视的。我们认为，几大措施协调的根本问题是如何科学用药的问题。为了控制农药可能会导致的不良后果，尽可能按如下原则处理：

（1）可不治的害虫，可以不治，特别不能用化学农药普治。

（2）药剂选择上，优先选用生物农药或生物制剂。如防治茶毛虫，可用茶毛虫核型多角体病毒。如果多种鳞翅目害虫同时发生，可选用苏菌7216、白僵菌等生物制剂，为了提高防治效率，可在生物制剂中加入微量农药（如敌百虫）作增效剂。

（3）对于害虫单一、种群密度特别高的茶园，可用选择性农药，有的放矢降低虫口密度后，再采用有效措施保护天敌，或助迁天敌，或释放天敌，把害虫较长时间控制在低密度水平。例如，过去施药多的化防茶园，其优势害虫种群是半跗线螨，天敌昆虫一般不能起到控制作用，此时，可先用内吸性杀虫剂、杀螨剂，配以适当的施用技术控制二者的猖獗，然后再引入或释放德氏屯绥螨，瓢虫等天敌昆虫。

（4）对迁飞快，体小隐蔽的害虫，重点指小绿叶蝉。可改常规喷雾为低流量喷雾，改透喷为冠雾。改单机“赶虫”为多机围歼的方法，控制小绿叶蝉在暴发之前。

（5）对于核心分布、传播距离近的害虫，如蚧类、螨类，重在挑治，消灭中心虫源。这样既能推迟害虫发生期，又能控制害虫恶性增殖、扩散，更重要的是挑治可以使农药对天敌昆虫的杀伤和对环境、茶叶的污染降到最小限度。

（6）机械防治与化学防治结合。有的害虫，如角蜡蚧保护机制完备，施药时间（9～10月）正是茶园中天敌昆虫繁殖盛期，而对角蜡蚧的防治又必须全丛透喷，且需2～3次，这对天敌昆虫伤害严重，对此利用角蜡蚧介壳大、固定、易于发现等特点，在7～8月采取人工刮除的方法，效果很好。对于蓑蛾类，也采取人工摘除的方法，效果更佳。

（7）改变药剂剂型。茶园药剂过去多以油乳剂、水剂、粉剂进行叶丛施药，对茶叶污染相当严重，且有害于生态系统的正常结构。本试验采用变粉、乳剂喷雾为颗粒剂根施的方法，比较成功地控制了螨类和小绿叶蝉的为害。例如，在根部施用杀虫双颗粒剂等，在防治小绿叶蝉、蚧类、螨类上均有显著效果，茶叶农残也不会上升，对天敌基本无害。因此，试验初步证明，改变施药技术，药剂种类和剂型，在茶园害虫管理中有着十分重要的地位。

总之，综合治理的关键在于如何采取有效措施控制害虫增长，保护或促进有益生物的繁衍，调节益害关系，使益害昆虫和种群结构始终处于较低水平——即低数平衡。在这些技术措施的协调中，特别应注意化防与生防的协调，栽培管理与植保技术的协调。简单地讲就是要重视经济效益与生态效益和社会效益的协调。农业技术上的合理布局、合理管理、合理采摘等都有助于植保技术措施的落实生效。偏激地为了追求经济效益而不顾生态效益和社会效益的做法都不利于茶园生态系统中害虫的管理。值得提出的是，茶园密植免耕在茶园害虫管理中占有相当重要的地位，尤其是在茶园坡度大，土质薄的坡地，密植免耕可以增加植被覆盖率，从而有利于保湿、保持水土、防止营养流失，有利于昆虫群落结构的稳定发展。为了避免由于免耕而带来的杂草丛生，可采用茶园辅草的方法，既能减少水分蒸发，又能增加土温，控制杂草生长，而且具有显著的增产效果。

## 七、有机茶生产关键技术

### （一）基地选择与规划

1. 基地选择

开发有机茶的目的是通过有机农业生产方法来保护和改善农业生态环境，同时为社会消费者提供安全、优质、健康的茶叶。但由于目前我国的农业环境污染和破坏比较严重，茶区生产中存在着明显污染源或潜在污染源，因此，对有机茶基地的选择，要十分重视生产园地及其周边的生态环境状况。

有机茶生产基地选择要综合考虑以下问题：

（1）基地应远离工业区、城镇、交通干道，基地附近及上风口、河道上游无明显的和潜在的污染源。

（2）茶园土壤背景及理化性状较好，没有严重的化学肥料、农药、重金属污染的历史。

（3）生产基地的空气清新，生物植被丰富，周围有较丰富的有机肥源。

（4）生产基地的生产者、经营者具有良好的生产技术基础，规模较大的基地周围还要有充足的劳力资源和清洁的水资源。

2. 基地规划

对选择好的基地或决定有机转换的基地，在对基本情况进行调查研究的基础上，结合当地的气候、农业资源和社会经济状况等条件，根据有机农业的原则与有机茶生产标准要求，进行因地制宜的全面规划，制订出具体的发展方案。

规划的内容：对新建茶场，结合基地的地形地貌和有关条件，因地制宜地设置茶场（厂）部、种茶区（块）、道路、排蓄灌水利系统，以及防护林带、绿化区、养殖业和多种经营用地等；对于老茶场（厂），应制订出改造老茶园、老厂房、设备等的技术要求及其实施方案与进度计划等。在具体的各个环节问题上，要按有机农业的原理和有机茶生产标准技术要求，制订出比较详细的有关生产技术和产品质量管理的计划，有针对性地提出解决有机生产中的问题的方案，逐步建立起从土地到餐桌的全过程质量控制模式，在技术和管理上为有机茶的开发打好基础。

（二）基地生态建设

当前茶叶生产面临的生态问题十分严峻。首先，茶园生态系统组分越来越单一，生态环境日趋恶化。丘陵低山地区，集中连片的几百亩到数千亩茶园，无防护林和树木遮阴，长期受到暴晒、寒风侵袭，茶树能量消耗大于积累，水土流失与土壤退化严重，造成茶园低产、低质、低效益；第二，生物种类结构与食物链简单，茶园害虫日益猖獗。专业化茶园生态变化，物种结构简单，滥用农药，有益生物种群日益减少，有害病虫日益猖獗；第三，石化能大量输入，茶树抗性与茶叶品质下降。茶叶生产中大量投入化学肥料、农药、除草剂、生长激素等石化能，光顾眼前利益，严重污染了茶园及周边的土壤、水质、空气等生态环境，增加了茶叶农药残留量，降低了茶树抗性与茶叶品质；第四，茶叶生产受大环境的污染越来越严重。当今大气污染遍及全球，如二氧化碳、二氧化硫、煤粉尘、汽车尾气等不断增多，近年的大面积沙尘暴、“酸雨”“泥雨”的出现，以及空气中放射性物质增多，水质、土壤的污染，都直接使茶叶生产的生态环境受到威胁。

建立基地，开发有机茶，就是要采用有机农业的生产方法，逐步改变上述茶叶生产中存在的生态问题，通过人为的农业措施、生物措施等有机生产方式，保护和改善茶叶生产的生态环境。

（1）植树造林，改善茶园小气候。在发展新茶园和改造低产茶园时，应因地制宜地、有目的地保留部分林木植被，茶园四周营造防护林带。在低海拔、低纬度的茶园中，可适度种植遮阴树（每亩种6～10株豆科类树木）。在主要道路、沟渠边和房屋周边等地段应多种植适宜的树木，实行林、灌、草结合。尽量保护好基地中的生物栖息地，既改善茶树生长环境，又能更多更好地利用光、热、水、气、肥等自然资源，增加基地的生物多样性，美化茶场（厂）的环境，可获得较高的生物生产力。

（2）采用农业技术措施，促进茶树生长。丘陵山区茶园水土流失现象多较严重。对这种坡地茶园，应修筑水平梯田，降低坡度，实行等高种植和合理密植，同时推广茶园铺草，地表覆盖有机物，利用山草、残茬或刈割绿肥等铺在茶园行间，试行减耕与免耕，减弱地面土壤侵蚀，增加水分渗透，稳定土壤温度与湿度，增加土壤肥力与生物活性，促进茶树生育旺盛。

（3）在茶叶生产技术管理过程中禁止使用一切化学合成物质，杜绝与清除污染源，保护基地的生态环境。

（4）有条件的生产基地茶场，应发展有机畜牧业和养殖业。利用禽畜粪和塘泥还田，或在茶园中直接养羊、养鸡等，协调生态，达到茶、林、牧生态效应的良性循环，促进有机茶生产发等。

（5）设置边界与缓冲区。在有机茶基地茶园与常规农业园地交界处，应有足够宽度的缓冲区或隔离带（宽度大于100米），以自然山地、河流、植被等作天然屏障，也可用人工树林或作物隔离。隔离带上若种植作物，必须按有机方式栽培。

（三）基地技术管理问题

有机茶基地生产过程中的技术管理，必须以国际农业运动联合会（IFOAM）的“有机食品生产和加工基本标准”为依据，按照我国“有机茶生产和加工技术规范”要求进行。有机茶技术管理的内容包括：①生态环境与园地建设；②茶树品种与苗木要求；③茶树栽培技术（包括土壤培肥、病虫草害防治、修剪与采摘等）；④鲜叶加工；⑤产品包装、贮运和销售；⑥样品检测与颁证等。由于我国有机茶开发还处于初始阶段，近年新建立的有机茶基地的基础还十分脆弱，多数茶园是从全荒芜或半荒芜状态垦复过来的，土壤肥力差，树势衰弱，投入不足，生产力很低。因此，必须按有机农业的原理方法和技术要求，加大投入和培肥，加强有机茶生产全过程的技术管理，主要是加强对基地茶园土壤培肥和病虫草害控制方面的技术管理。

1. 有机茶园的土壤培肥

有机农业原理认为健康的土壤是作物、牲畜和人类健康的基础。因此，首先要正确地加强土壤培肥管理，挖掘土壤本身潜在的肥力。基地的有机肥料尽量利用本地的资源就地生产、就地使用，但必须经无害化处理，达到茶场内部养分的良性循环。例如，在茶园周边种植豆科绿肥培肥土壤，茶树修剪的枝叶回园，园边的积肥坑（池）堆制作物秸秆、厩栏肥、杂草、畜粪等各种有机肥，各种饼肥和有机茶专用有机肥，以及养殖场的禽畜粪肥等，有条件的基地可在茶园培植与放养蚯蚓，以疏松与培肥土壤。土壤培肥是一种综合的技术行为，应对基地茶园土壤营养状况进行测试，尤其是在出现生理性病症时，要针对性地施用有机茶生产技术规范允许使用的有关肥料，决不要长期单一施一种有机肥，以充分满足茶树生长的养分需要。因此，有机茶园施肥必须综合考虑肥料、茶树、土壤等因素。例如，要根据有机肥特性、土壤的性质、茶树生长的规律等情况进行合理施肥，科学施肥，树立有机茶园"平衡施肥"的观念，保持基地茶园土壤肥力经久不衰。

2. 有机茶园施肥方法

(1) 施肥准则

①禁止施用各种化学合成的肥料。禁止施用城乡垃圾、工矿废水、污泥、医院粪便及受农药、化学品、重金属、毒气、病原体污染的各种有机、无机废弃物。

②严禁使用未经腐熟的新鲜人粪尿、家禽粪便，如要施用必须经过无害化处理，以杀灭各种寄生虫卵、病原菌、杂草种子，使之符合 AA 级绿色食品茶和有机茶生产规定的卫生标准。

③有机肥原则上就地取材，就地处理，就地施用。外来农家有机肥经过检测确认符合要求才可使用。一些商品化有机肥、有机复混肥、活性生物有机肥、有机叶面肥、微生物制剂肥料等，必须明确已经得到有机食品认证机构颁证或认可方可使用。

④施用天然矿物肥料时，必须查明主、副成分及含量，原产地贮运、包装等有关情况，确认属无污染、纯天然的物质后方可施用。

⑤大力提倡间作各种豆科绿肥、施用草肥及修剪枝叶回园技术。

⑥定期对土壤进行监测，建立茶园施肥档案制，如发现是因施肥而使土壤某些指标超标或污染的，必须立即停止施肥，并向有关有机茶认证机构报告。

（2）肥料选择

根据有机施肥准则，有机茶园对肥料有严格的要求，必须经过严格的选择。现介绍有机茶园禁止施用、允许施用和限制施用的肥料品种。

①禁止施用的肥料

化学氮肥：指化学合成的硫酸铵、尿素、碳酸氢铵、氯化铵、硝酸铵、氨水等。

化学磷肥：指化学加工的过磷酸钙、钙镁磷钾肥等。

化学钾肥：指化学加工的硫酸钾、氯化钾、硝酸钾等。

化学复合肥：指化学合成的磷铵、磷酸二氢钾、进口复合肥、复混肥等。

叶面肥：含有化学表面附着剂、渗透剂及合成化学物质的多功能叶面营养液，稀土元素肥料等。

城市垃圾：含有较高的重金属和有害物质，不宜施用。

工厂、城市废水：含有较高的重金属和有害物质，不宜施用。

②允许施用的肥料

堆（沤）肥：指农家有机肥经过微生物作用，在49～

60℃高温处理数周，肥料中不允许含有任何禁止使用的物质。

畜禽粪便：经过堆腐和无害化处理。

海肥：经过堆腐充分腐解。

各种饼肥：茶子饼、桐子饼等要经过堆腐，其他饼肥可直接施用。泥炭（草炭）：高位或低位，未受污染。

腐殖酸盐：指天然矿物，如褐煤、风化煤等，要粉碎通过100目才可使用。

动物残体或制品：如血粉、鱼粉、骨粉、蹄、角粉、皮、毛粉等，蚕蛹（堆腐后）、蚕沙。

绿肥：春播夏季绿肥、秋播冬季绿肥、坎边多年生绿肥，以豆科绿肥为最好。

草肥：山草、水草、园草等，要经过暴晒、堆、沤后才可施用。

天然矿物和矿产品：指磷矿粉、黑云母粉、长石粉、白云石粉、蛭石粉、钾盐矿、硝矿、无水磷钾矾、沸石、膨润土等。

氨基酸叶面肥：指以动、植物为原料，采用生物工程制造的氨基酸产物肥料。

菌肥：指EM、钾细菌、磷细菌、固氮菌、根瘤菌等肥料。

有机茶专用肥：指经有机茶研究与发展中心批准，持有生产许可证，专门为有机茶生产而制造的专用性肥料。

③限制施用的肥料

硫肥：指天然硫黄，只有在缺硫的土壤中才可谨慎施用。

微量元素、叶面肥：指硫酸铜、硫酸锌、铝酸钠（铵）、硼砂等，必须在缺素的条件下才可施用，喷洒浓度$<0.01\%$。

（3）有机肥料无害化处理

在有机肥料中，人畜禽粪便常常带有较多的病毒、寄生虫卵及恶臭味等，杂草等常常带有各种病虫害传染体及种子等，海肥等常常带有较高的对茶树生长有害的物质（如氧离子）等，所以施入有机茶园的有机肥一般都要经过处理，变有害为无害。目前，肥料无害化处理方法有物理方法、化学方法和生物方法三种，物理法如暴晒、高温处理等，养分损失大，工本高；化学方法如用化学物质除害，在有机食品生产中不能采用；生物方法如接菌后的堆腐和沤制，在有机食品生产过程中是唯一可采用的方法。有机肥无害化处理的堆、沤方法很多，现介绍如下。

①EM堆腐法。EM只是一种好氧和嫌氧有效微生物群，主要由光合细菌、放线菌、酵母菌、乳酸菌等组成，在农业和环保上有广泛的用途。它具有除臭、杀虫、杀菌、净化环境、促进植物生长等多种功能，用它处理人畜禽粪便作堆肥，可以起到人畜禽粪便等无害化作用。

②自制发酵催熟堆腐法。如果当地原液买不到，可以自制发酵催熟粉代用。自制发酵堆肥催熟配方及堆肥制法如下。

第一，准备好以下原料。

米糠：稻米糠、小米糠等各种米糠均可。

油柏：榨油后的油料残渣。菜籽油柏、花生油柏、蓖麻子油柏均可使用。

豆柏：制作豆腐等豆制品后的残渣。无论原料是什么豆类，或制作什么豆制品产生的残渣均可。

糖类：各种糖类或含糖物质均可。

泥类或黑炭粉或沸石粉。

酵母粉。

第二，按以下配方配好发酵催熟剂并进行发酵（见表59）。

表 59　发酵催熟剂成分

| 成分 | 米糠 | 油柏 | 豆柏 | 糖类 | 水 | 酵母粉 |
|---|---|---|---|---|---|---|
| 重量% | 14.5 | 14 | 13 | 8 | 50 | 0.5 |

具体操作：按上述配方量，先将糖类添加于水中，搅拌溶解后，加入米糠、油柏和豆柏，经充分搅拌混合后堆放，于60℃以上的温度保持30～50天进行发酵。然后用草炭粉或沸石粉按1∶1的比例进行掺和稀释，仔细搅拌均匀，制成堆肥催熟粉。

第三，堆肥。先将粪便风干，使水分达30%～40%。干粪便与稻草（切碎）等膨松物按100∶10比例混合，每100千克混合肥中加入1千克催熟粉，充分搅拌使之均匀，然后堆积成1.5～2米高，堆放于堆肥舍，进行发酵腐熟。在此期间根据堆积肥料因腐熟而产生的温度变化，即可判定堆肥化的进程。

当气温为15℃时，堆积后第3日堆积肥料表面以下30厘米处的温度可达70℃；堆积10日后进行翻混。翻混后（当时）的温度为30℃，水分含量达30%左右，之后不再翻混，等待后熟。后熟一般为3～5天，最多10天即得。后熟完成，堆肥化过程即告结束。

这种高温堆腐也可把原粪便中的虫卵杂草种子等杀死，大肠杆菌也可大为减少，达到无害化的目的，但效果要比 EM 堆腐法差。

③工厂化无害化处理技术。如果有大型饲养畜牧和家禽场，因粪便较多，可采用工厂化无害化处理。先把粪便统一集中，然后进行脱水，使水分含量达到 20%～30%。然后把脱过水的粪便输送到一个专门蒸气消毒房内，蒸气消毒房的温度不能太高，一般在 80～100℃，太高易使养分分解损失。肥料在消毒房内不断运转，经 20～30 分钟消毒，杀死全部的虫卵、杂草种子及有害的病菌等。消毒房内装有脱臭塔，臭气通过塔内排出。然后将脱臭和消毒的粪便配上必要的天然矿物，如磷矿粉、白云石、云母粉等进行造粒，再烘干，即成有机茶肥料。其工艺流程如下：畜禽舍→粪便堆腐房→脱水→消毒→除臭→配方搅拌→造粒→烘干→过筛→包装→入库。

④有机肥施用技术。堆腐过的有机肥在有机茶园内可作基肥，也可作追肥，但主要作基肥用，这是因为茶树具有明显的连续吸收及对养分贮存和再利用特性。长江中下游广大茶区，茶树地上部分在 10 月至第二年 3 月停止生长期内所吸收的养分约占全年吸收总量的 30%，这些贮存养分是春茶萌发和生长的物质基础，对春茶早发、优质品质有决定性意义。因此有机茶园施肥必须重视基肥的施用，要施足基肥。不施基肥而用春肥补足的办法，对春茶名优茶生产会造成很大的损失。一般基肥用量不得少于全年用量的 60%，不能让茶树“饿肚子”过冬。

有机茶园基肥不仅数量要多，还必须做到“早、深、好”。所谓“早”，就是基肥施用时期适当要早。早施基肥，可提高茶树对肥料的利用率，增加对养分的吸收与积累，有利于茶树抗寒越冬和春茶新梢的形成和萌发，有利于名优茶产量、质量的提高。长江中下游广大茶区要力争在10月上旬施完。所谓“深”就是要适当深施。要根据茶树根系向肥性特点，把茶根引向深层，提高茶树在逆境条件下的生存能力，确保安全越冬。茶园施基肥深度要超过20厘米。所谓“好”，是指基肥质量要好，既能改良土壤，又能缓慢地提供茶树营养物质。所以用做有机茶基肥的有机肥应多掺些含氮高的肥料，如鱼粉、血粉、蚕蛹、豆子饼、菜籽饼等。此外春肥要早施，促进春茶早发早采。

春茶品质好，产量比较高，是名优茶生产的黄金季节。春茶早发、快长、多产的物质基础是基肥。但仅靠基肥难以维持春茶迅猛生长时对养分的集中需要，需要及早施追肥补充。据同位素试验结果分析，杭州3月下旬施春肥，回收率只有12.6%，但夏茶的回收率却达24.3%，表明晚施春肥（3月下旬），对夏茶效果几乎比春茶高1倍。作为有机茶园，不能施化肥，只能施有机肥，要早施，长江中下游广大地区以2月上中旬为宜。当然所谓早施也要因地制宜，早芽种要早施，迟芽种要晚施；速效肥要晚施，缓效肥要早施；阳坡和岗地茶园要先施，阴坡和沟、谷地茶园要后施等。

用做春肥的有机肥，必须是经过充分腐熟的有效性较高的堆沤肥，或沼气池中的废液等。施肥深度也可浅一些，一般10~15厘米即可。

3. 有机茶园的病虫草害防治

有机农业本着尊重自然的原则，不能使用化学农药和除草剂，倡导应用综合的生态学方法来控制作物病虫草害，对病虫草种害的控制要充分利用生物间的相生相克原理，以抑制它们的暴发，将其控制在经济危害水平之下。因此，有机茶基地茶园应以农业措施为主，辅之适当的生物、物理防治技术，并利用一些植物性农药和有机生产标准中允许使用的矿物质。

（1）农业防治。采用农业技术措施，及时采摘和修剪茶树，可改变病虫生长的适宜环境条件，适时锄草与耕作，可减少那些与杂草、土壤发生联系的病虫为害，同时可减少杂草与茶树争肥、争水和争光。适当间作，适度种植遮阴树，增加茶园生态的系统生物多样性，分散害虫集中为害，减轻病虫为害；合理施肥、灌水、培肥土壤，改善茶树营养条件，提高茶树对病虫草害的抵抗力及补偿能力。

（2）生物防治。利用天敌和使用生物农药（包括动物源、植物源和微生物农药）防治茶树病虫害。禁止使用和混配化学合成杀虫剂、杀菌剂、增效剂和植物生长调节剂。

（3）物理防治。利用各种物理因子、人工或器械，防治病虫害。包括人工捕杀和灯光诱杀；性激素诱杀，破坏害虫的正常生理活动；改变病虫适于生存的环境条件，降低害虫虫口密度。

（4）使用天然化合物防治。天然化合物只有在上述措施难以奏效的情况下才能使用，主要包括昆虫提取液、植物提取液、海洋动植物残体、天然皂类和天然矿物质等。秋茶结束后允许使用石硫合剂和波尔多液封园，以减少次年病虫的发生量，但不得在茶叶采收季节使用。波尔多液使用后，茶叶的铜含量不得超过30毫克/千克。

有机农业充分考虑杂草的两重性。某些杂草对茶树产生多方危害，严重影响茶树生长，如茅草、小竹等宿根性杂草，必须彻底清除；有些杂草在维持土壤肥力，减少土壤侵蚀，提高土壤生物活性，控制害虫，提供牲畜营养等方面起了重要作用，这类杂草既要控制又要保护。茶园杂草控制要以能达到与茶树间协调平衡为度，不必采取全部清除干净的方法。有机生产防治有害杂草的主要手段有：①茶树种植前，对园地有害杂草根、茎要彻底清除；②在杂草结籽前及时铲除、堆肥腐熟，防止种子传播；③土壤覆盖各种有机物、遮阳网等，抑制萌发；④适时进行机械与人工除草；⑤利用生物防治来控制杂草等。

# 第五章　茶叶加工

## 第一节　茶叶加工原料

### 一、鲜叶的质量标准

鲜叶质量评价包括鲜叶嫩度、匀度、净度和新鲜度等四个方面。嫩度是鲜叶质量的主要指标，平时所说的鲜叶的质量往往是指嫩度和匀度；而新鲜程度受鲜叶采收和运输过程的影响，按一定的规范进行操作是保证新鲜度的关键；作为茶叶加工的原料尽量保持净度，不允许鲜叶中混有非茶类杂物。

（一）鲜叶嫩度

嫩度是指新梢伸育的成熟度，它是衡量鲜叶质量最重要的因素，也是制定级别的重要指标。鲜叶度好，有效成分如茶多酚、咖啡因、氨基酸、水溶性果胶等含量高，纤维素、灰分等含量低。而随着鲜叶嫩度的下降，一些重要化学成分含量也相应地改变，例如多酚类化合物含量呈现下降趋势，蛋白质含量也相应地降低，因此对茶叶质量有较大的影响。所以，根据不周茶类对鲜叶嫩度的要求掌握好采摘材料是提高茶叶质量的重要环节。不同茶类对鲜叶的要求差异很大，如特级龙井要求鲜叶嫩度以 1 芽 1 叶初展为好，而乌龙茶则要求在生长成熟（形成对夹叶）的新梢上采 1 芽 2 ~ 3 叶。衡量鲜叶嫩度主要以完整的正常芽叶与对夹叶、单片叶、碎片、茶梗等含量百分率为标准，正常芽叶多，为嫩度好，反之则嫩度差（俞永明等，2002）。

（二）鲜叶匀度

评定鲜叶质量的另一个重要指标就是匀度，系指同一批采下的鲜叶理化特性均匀、一致程度。它受茶树新梢与长势、采摘标准及采摘方法等因素的制约。通常，同一品种、长势相同、同一采摘方法和采摘标准的鲜叶匀度好。按照一定的标准采摘是保持鲜叶匀度一致的重要保证。

（三）鲜叶净度

净度是指鲜叶中夹杂物含量多少的指标。夹杂物主要包括茶类和非茶类两种。茶类部分主要是指茶籽、茶果、老枝、老叶及病虫叶等；非茶类部分是指杂草、树枝、金属物、虫体等。绿色食品茶在鲜叶净度方面要求较严格，不允许有非茶类夹杂物出现在茶树鲜叶原料中。

（四）鲜叶新鲜度

新鲜度是鲜叶离开茶树母体后，其理化性状的变化程度。新鲜度也是鲜叶质量的重要指标之一。鲜叶失去新鲜度主要是采摘过程中对鲜叶采摘方法不正确和管理不当造成的，如在采摘过程未按采摘规定而造成新梢损伤、在运输阶段由于使用不合理的包装、包装挤压过重、不正确的装运和鲜叶进厂后没有及时摊放等引起的鲜叶芽叶损伤等。因此，遵守正确的采摘规程，才能确保鲜叶的新鲜度。

## 二、鲜叶的验收与分级

进厂鲜叶由专业验收员进行验收。根据其品种、老嫩度、匀净度、新鲜度等进行感观审评定级、称重、登记，分类别进行摊放或贮青。鲜叶的感观审评主要是通过看、嗅、摸相结合，鉴别出鲜叶的嫩度、匀度、净度、新鲜度。

感观审评时主要是看鲜叶中芽头的大小、芽梢的长度、叶子的展开程度、新梢最下一叶的老化程度。再看茶叶的色泽、萎蔫及红变程度、夹杂物。用鼻嗅鲜叶的气味，注意是否有异味，对于老嫩混杂或因发热红变等鲜度较差的原料应另行摊放，作降级处理。有污染物污染的茶叶不能作为绿色食品茶叶的制作原料，发现茶梗、老叶等夹杂物要就地剔除。

鲜叶分级标准因茶类不同而异，不同茶区也不尽相同。中国农业科学院茶叶研究所根据大量分级资料的统计分析，以1芽2~3叶、驻芽2叶、嫩单片的含量多少作定级依据，提出了对一般红、绿茶和红碎茶的鲜叶分级标准（表60~表62）。

**表60　大叶种大宗绿茶鲜叶分级标准**

| 等级 | 主要芽叶组成 | 标准要求 |
|---|---|---|
| 一级 | 1芽2叶 | 1芽2叶占50%，1芽3叶初展点30%，对夹叶及单片点占20% |
| 二级 | 1芽2叶及1芽3叶初展 | 1芽2叶占20%，1芽3叶初展占50%，对夹叶及单片占30% |
| 三级 | 1芽3叶 | 1芽3叶初展占15%，1芽2~3叶占40%，对夹叶及单片占45% |
| 等外 | 单片及对夹叶 | 当轮发出的芽叶不分老嫩全包括在内 |

**表61　名优绿茶鲜叶分级标准**

| 等级 | 标准要求 |
|---|---|
| 特级 | 芽长于叶，梢长不超过3.0厘米，1芽1叶初展≥70%，1芽2叶初展≤30% |
| 一级 | 芽与叶等长，梢长不超过3.5厘米，1芽1叶初展≥20%，1芽2叶初展≤70% |
| 二级 | 1芽2叶≥70%，1芽3叶初展≤20% |

表 62 中小叶种大宗红、绿茶鲜叶分级标准（芽叶组成%）

| 级别 | 一芽一叶至三叶 | 对夹二叶和嫩叶单片 | 感观标准 |
| --- | --- | --- | --- |
| 一级 | ≥60 | ≤30 | 叶质柔软，叶面呈半开展状，匀齐，色绿，新鲜，净度好 |
| 二级 | ≥50 | ≤40 | 叶质尚柔软，叶面呈半开展状，匀齐，色绿，新鲜，净度尚好 |
| 三级 | ≥35 | ≤50 | 叶质尚柔软，叶面呈半开展状，尚匀，色绿稍深，新鲜，净度尚好 |
| 四级 | ≥25 | ≤60 | 叶质尚柔软，叶面呈半开展状，尚匀，色绿稍深，新鲜，净度尚好 |
| 五级 | ≥15 | ≤70 | 叶质尚柔软，尚匀，色深绿，新鲜，净度尚好 |

### 三、鲜叶的摊放

摊放是绿茶尤其是名优绿茶加工前必不可少的处理工序。茶叶经过合理的摊放处理可提高茶叶品质。如龙井茶鲜叶经过摊放后炒制，品质优于现采现制的茶叶，主要是因为摊放使鲜叶发生轻微的理化特性变化，如部分蛋白质发生水解，氨基酸含量会增加；结合态的芳香化合物降解为游离态成分，增加可挥发芳香物质，提高香气。随着鲜叶的化学变化，鲜叶的含水量也发生变化，细胞膨压减小，鲜叶脆性降低，鲜叶的可塑性增强。同时由于水分降低，杀青过程蒸发减少，杀青锅锅温易于稳定，容易控制杀青质量，制成的茶叶颜色翠绿，鲜度好。如果茶叶采摘后未经过摊放即行加工，制成的干茶青气重。含水较多的肥壮芽叶和雨水叶，不经过摊放就加工，茶叶容易褐变，影响茶叶的色泽。

鲜叶摊放时，应按采摘地、品种、采摘时间、老嫩度、晴雨叶分开摊放。鲜叶不宜直接摊放在水泥地面上，应摊放在软匾、篾席或专用的摊放设备上。摊放厚度要适当，春季气温低可以适当厚些。高级鲜叶摊放厚度一般为 2 ~ 3 厘米，一般不宜超过 3. 5 厘米；中档茶叶可摊厚度 5 ~ 10 厘米，低档茶叶可以适当厚摊，但最厚不超过 20 厘米。气候条件不同，摊放叶要有所区别，晴天可以适当厚摊，以防止鲜叶失水过多，影响炒制。雨水叶、上午 10 时以前采摘的茶叶应适当薄摊，以便加速散发水分。

摊放场地和用具要保持清洁卫生、通风良好、不受阳光直接照射。摊放过程就根据天气情况启闭门窗。阴雨天门窗应敞开，以利于水分散发；干燥晴天，门窗应少开，以保持鲜叶的新鲜度。摊放室空气的相对湿度控制在 90% 左右，室温控制在 15 ~ 20℃，叶温控制在 30℃ 以内，不可超过 40℃。摊放时间不宜过长，一般 6 ~ 12 小时为宜，最长不超过 24 小时。尤其是当室温超过 25℃ 时，更不宜长时间摊放，尽量做到当天鲜叶当天加工完毕。

鲜叶经过摊放，叶质发软，发出清香，含水量以 68% ~ 70% 为宜。若鲜叶呈挺直状态，表示失水太少；若芽梢弯曲，叶片发皱，整个芽叶萎缩，表示失水太多，均不符合摊放的要求，摊放过程应该经常观察失水程度。

在自然条件下摊青占地面积较大，一般每平方米摊鲜叶 20 千克左右（高档茶叶每平方米仅可摊 1 ~ 2 千克），且费工费时，因此有条件的茶厂可建立贮青设备。采用贮青槽是保证鲜叶新鲜度的理想方法。目前，采用最多的贮青槽是透气板结构，即在贮青室内开长方形槽沟，槽面铺金属丝网制成的透气板。槽的一头装有鼓风机，使叶层的空气流速为0.1~0.5米/秒。采用透气贮青槽摊放鲜叶，大宗茶鲜叶原料每平方米可贮青70千克左右，摊叶厚度为30~50米，摊放时间不超过5小时。对于生产大宗绿色食品茶的厂家，最好采用贮青槽，一方面可以有较大的贮青容量，另一方面茶叶失水程度也较为一致，同时还可以节约摊放空间和降低劳动力成本。

## 第二节 大宗绿茶加工

### 一、炒青绿茶的加工

#### （一）杀青

杀青对绿茶品质起决定性的作用，是提高绿茶品质的关键所在。杀匀杀透是炒青绿茶杀青的中心问题。目前，农村茶场（厂）多采用滚筒式杀青机。其技术要点是：锅温掌握在260~380℃。下锅温度可视叶质、产地、采摘时间、鲜叶含水量而定。含水量高、叶质肥厚的茶鲜叶，下锅温度要高些；春茶早期嫩叶下锅温度要高些；夏秋茶可低些；雨水叶和露水叶的下锅温度也要高些。投叶量：杀青锅口径为84厘米的投叶量为5~10千克。锅温高、茶鲜叶老，投叶量可适当多些，反之则少些。杀青锅每天要清洗，当杀青叶达到手捏较软，略带黏性，紧握成团，稍有弹性，嫩梗不易折断；色泽墨绿，叶面失去光泽，无红梗红叶，青气消失，清香显露；叶减重率约40%时为杀青适度。

#### （二）揉捻

揉捻是炒青绿茶塑造条状外形的一道工序，并对提高成品茶滋味有重要作用。绿茶揉捻工序有冷揉和热揉之分，所谓冷揉，即杀青叶经过摊凉后进行的揉捻；热揉是杀青叶不经过摊凉而趁热进行的揉捻。揉捻机进行揉捻的技术要求是：制绿茶的揉捻机转速以每分钟 48 ~ 50 转为宜。投叶量要根据各种型号揉捻机规定的数量投叶，如 40 型投叶 10 千克，45 型投叶 15 千克，55 型投叶 35 千克。投叶量太少，会降低揉捻加压的效果，难以揉紧条索；投叶量太多，叶子在揉桶内翻动受阻，导致揉捻不匀，往往底层多碎片末，上层茶多扁条，造成松、扁、碎的结果。要做到逐步加压，应掌握“轻—重—轻”的原则。开始揉捻的 5 分钟内不应加压，待叶片逐渐沿着主脉初卷成条后再压，加压程度要根据叶的老嫩而定，嫩叶以轻压、中压为主，三级以下的叶子加压要逐步加重，时间可适当延长。揉捻中有结团块现象，需经解块机的解块轮打击，团块才被解散。确定揉捻时间长短应根据三条原则：一看揉捻叶的老嫩；二看揉桶的大小；三看揉捻叶条索的紧结度。1 ~ 2 级原料揉捻历时 25 ~ 30 分钟，三级以下原料历时 40 ~ 45 分钟。要求茶汁黏附叶面，有润滑粘手之感，嫩叶成条索 80% 以上，老叶成条索 60% 以上。

（三）干燥

其目的是继续蒸发水分，紧结条索，便于贮运，透发香气，增进色泽。改炒二青为烘二青，有利于提高茶叶品质。

（四）炒（烘）二青

用瓶式炒干机炒二青的，温度宜高，火要烧旺。投入 17 ~ 20 千克揉捻叶，约炒 20 分钟，使水分快速蒸发，以叶子不粘，手捏成团，松开即弹散为适宜。如果用烘干机烘二青，机温控制在110～120℃。烘后的茶叶要摊放一小时，使叶子回潮后再炒三青。二青叶的含水率35%～45%为宜。

### （五）炒三青

用锅式炒干机炒三青，每锅投叶量为7～10千克二青叶，锅温100～110℃为宜。一般炒三青需时25～30分钟，待筒内水蒸气有沙沙响声，手捏茶条不断碎，有触手感，条索紧卷，色泽乌绿，即可起锅。

## 二、烘青绿茶的加工

烘青绿茶的品质要求：条索完整紧结，色泽暗绿油润，香气清高纯洁，滋味醇和鲜爽，汤色黄绿清澈，叶底绿黄匀亮。

### （一）鲜叶摊放

地点要通风良好，摊叶厚度12～15厘米，夏秋季要每隔1小时轻翻一次，以防叶温升高。当水分散失至含水量为70%左右时为适度。

### （二）杀青

与炒青绿茶方法相同，杀青程度掌握在含水量为60%左右。

### （三）揉捻

分两步进行。杀青叶初揉，茶机转速每分钟35转。开始时不加压，以后轻压揉捻10～15分钟，茶叶初步成条即出机解块摊凉。二青叶摊凉后进行“复揉”，轻压与重压交替进行，进一步卷紧茶条，历时20～30分钟。

### （四）干燥

采用烘干，一般分两次进行，第一次叫毛火，第二次叫足火。两次之间要经过摊凉，把茶叶摊成薄层，使温度下降，蒸发水分，减少叶绿素氧化，保持绿色。摊凉后烘足火，烘到含水量5%~6%，手捏成粉状，即干燥完成。

加工成的成品茶要用抖筛机分开粗细，用平面圆筛机分开长短。并用风选机分开轻重，拣梗机拣去梗子，直到长短粗细分清，轻片、梗子、末子和杂质除尽。最后，将不同长短粗细的筛号茶分别补火，减少水分，透发香气，并依各种筛号茶的品质，对照标准茶样，进行适当拼配，便成为各种各色，各个等级的成品茶叶。

## 第三节　名优绿茶加工

### 一、毛峰形名优茶机制工艺技术

在我国众多的名优茶类中，烘干型或以烘为主、烘炒结合的毛峰形茶类，所占比例最大。毛峰茶外形自然，有锋苗，完整显毫，色泽翠绿，香气清雅，叶底完整等，深受消费者喜爱。(见彩图27)

毛峰形茶加工工艺是：鲜叶→摊放→杀青→揉捻→初干→理条→提毫→足干。

#### (一）鲜叶原料

适制品种为芽壮、叶小、多毫的中小叶茶树品种，原料标准为1芽1叶初展至1芽2初展鲜叶，要求不带病虫叶、鱼叶、紫芽、冻芽、单片、鳞片及其他非茶类夹杂物。

#### (二）鲜叶摊放

鲜叶摊放能散失鲜叶部分水分，有利于后续杀青、揉捻等工序，同时能促进其化学成分转化，有利于提高成茶香气和滋味的鲜爽度。一般薄摊于竹簸或篾垫以及干净的水泥土面上，摊叶厚度为2~4厘米，摊放4~6小时，秋茶摊放 2 ~ 3 小时。雨水叶须先用脱水机除去表面水，然后薄摊，并用电扇吹微风，以加快水分蒸发；高山茶摊青时间适当延长一些对品质会更好。

（三）杀青

选用 30 型（如 6CST、6 厘米 S 等系列）滚筒连续杀青机（注：在 30 后加“D”的为电热源，未加“D”的为煤和柴燃烧能源）。先接通加热电源，同时启动电机，使筒体转动。开机空转 15 ~ 30 分钟进行预热，同时通过手轮丝杆调整好滚筒倾角，将杀青时间调控在适宜时间之内。待筒体温度达到 120℃左右时，用手工投叶，开始要多投些鲜叶，以免焦叶，随后均匀投叶。杀青叶要求投叶量稳定，火温均匀，以确保杀青质量一致。杀青时间长短可由调节滚筒倾斜度来调节，即：倾斜度越大，杀青时间就越短，反之则长。在杀青适宜的温度下，筒体最佳倾斜度约为 1.60，此时，手轮一端离地面高 8 厘米，出叶口一端离地面高 4 厘米（仅供参考）

（四）摊凉

一般采用自然薄摊凉，但最好是用电扇风吹，快速冷却摊凉，以利色泽翠绿的形成。

（五）揉捻

投叶后先无压揉 3 分钟，然后轻压揉 2 ~ 3 分钟，最后无压揉 1 ~ 2 分钟。揉捻时间既不能过长，也不能过短。过长，茶汁外溢过多，易使干茶色泽暗变褐，尤其杀青后的初揉时间宜短，加压宜轻。但时间也不能过短，否则，茶条松泡，成型率低。因此，揉时要适度。对于高山茶来讲，以不揉捻（如加工自然舒展的直条形和扁形茶等）或轻揉捻以利于保证绿茶类名茶色泽翠绿多毫。揉捻结束后需解块。

（六）毛火初干

当热风炉外壁烧至有明显烫手感时开动鼓风机送热风，再待烘干顶层温度达130～140℃时，手工投叶，以均匀薄摊至尚可见到少量网眼为宜。毛火应采取快速烘焙，故烘干机的转速器应调到最快速度。待烘到干度适度后下烘摊凉。摊凉宜薄摊，切忌堆积，以免叶色闷黄。毛火初烘可克服含水量较大的揉捻叶炒二青易出现巴锅和色泽黑变等弊病。

（七）理条

在理条机接通电源后先让机子空载运行30分钟左右，升温后用制茶专用油均匀涂擦槽锅使其光滑，待锅温上升到120℃左右时投入初烘叶1千克左右，让其在槽中往复滚炒。为促进茶叶色泽翠绿，最好配置一台小型风扇，不断向槽中吹微风，以加速水蒸气散发。炒至上述程度时出锅摊凉。

（八）提毫提香

是毛峰茶香气形成的重要工序。采用手工在电炒锅内提毫、在烘笼上慢烘提香和用微型烘干机（或足火提香机）直接烘至足干三种方法。上烘温度90℃左右，摊叶比毛火略厚，烘干时间也比毛火要长。若揉捻叶不打毛火而直接进行理条，理条后的此次烘干可分为两次，即第一次的初烘：当热风温度达120℃～140℃时，将理条叶均匀薄摊于烘网上。初烘以茶叶有触手感为适度，出烘后摊凉回潮；第二次的足烘：热风温度掌握在70℃～90℃，上烘叶摊层厚度可比初烘稍厚，厚薄同样要均匀，烘至手捻茶叶成粉时下烘。

## 二、卷曲形名优茶加工技术

其品质要求是：外形紧细卷曲，色绿润显毫，香高持久，滋味鲜醇，汤色嫩绿明亮，叶底匀亮。（见彩图 28）

其加工工艺是：

鲜叶 → 摊放 → 杀青 → 初揉 → 初烘 → 复揉 → 足火
　　　　　　　　　　　　　　　　　　→ 炒干整形 → 足火

（一）鲜叶原料

适制品种为芽肥壮、叶片薄、色黄绿、节间短、芽叶柔软而多茸毛的茶树品种（如福云 6 号、福大种及川群种等）。芽叶标准及要求同针形。

（二）鲜叶摊放

同毛峰形名茶。

（三）杀青

与毛峰形相同。

（四）初揉

同毛峰形揉捻。

（五）初烘

同针形茶。

（六）复揉

仍采用 25 型或 30 型名茶揉捻机揉捻。投叶后先空揉 3 ~ 5 分钟，再轻压揉 5 ~ 7 分钟，直至将茶条揉紧揉细。要求揉捻叶润滑粘手，完整少断碎，色绿无闷气。复揉后需解块。如果只揉一次，可不复揉，而采用炒干整形。机具为衢州产双锅曲毫炒干机，其炒制方法是：当锅温升至 140 ~

150℃时启动炒手板并投入初烘叶，单锅投叶量3.5～4.5千克，视初烘叶含水率灵活掌握。炒至茶胚有烫手感（叶温约60℃）、手握柔软如棉时，应降低锅温并调大炒手摆幅。炒3～5分钟后将锅温稳定控制在70～80℃，使之转入整形炒制阶段。整形炒制60～65分钟，靠炒手板与球面锅的作用，边失水边整形，使茶坯卷曲收紧成卷曲状。待含水率降至13%～15%，外形基本固定后，调小炒手摆幅，降温至50～60℃续炒4～6分钟，接着升温出茶（下锅叶含水率10%～12%）。出锅后进行过筛去末。

（七）足火

烘干机型及防范同针形名茶足干（足火也可用6CH—941形碧螺春茶烘干机）。

## 三、扁形名优茶机制工艺技术

扁形名优茶是我国名茶中的一大类，其品质要求是：外形扁平挺直，色绿润带毫，香气馥郁持久，滋味鲜醇回甘，汤色嫩绿清亮，叶底黄绿匀亮。（见彩图29）

（一）鲜叶原料

芽叶标准为1芽1叶初展至1芽2叶初展以及独芽。原料质量要求同针形等名茶。

（二）鲜叶摊放

同毛峰形。但应掌握“嫩叶长摊，中档叶短摊，低档叶少摊”的原则，即中低档叶比高档叶摊层厚度可适当增加，但摊放时间相应缩短，失重率也要相应减小。

（三）杀青

杀青方式有名茶滚筒机杀青和多用（功能）机杀青两种。滚筒杀青机械杀青方式同毛峰形。采用槽式多用机的杀青方法：先将多用机电流开通，预热10~25分钟，当锅热灼手时，应在槽面擦抹适量的制茶专用油（目的是为了改善色泽和外形），然后用布将锅面擦净。开动机器，快速振动槽锅（往复速度控制在120~130次/分钟）空转1分钟左右，然后投叶入锅，每槽投叶量应均匀一致，鲜叶入锅时应有“噼、啪”的爆鸣声。在温度和投叶量都适宜的情况下，杀青3~4分钟，中途手工辅助透翻两次。下锅出叶时动作要快，以免锅底茶叶偏老或产生焦边。出锅杀青叶应及时摊开，让其自然降温并散失水分，摊凉时间约30分钟。

（四）理条整形

是继续失水和形成扁紧外形的关键工序。在该工序，除了要正确掌握温度和投叶量之外，加压棒的正确运用也至关重要。先启动电机，使机器运转正常，然后接通加热电源升温，当锅温升到70℃左右时即下叶。槽锅往复运动采用中速，其频率调到110~120次/分钟。杀青叶下锅先抛1分钟左右，待叶质转软后加入轻压棒，盖上网盖（加网盖对水蒸气的及时散发有一定影响，对色泽不利，但可防止茶条跳出槽外，只要茶条不跳出，可不加网盖），压炒约1分钟（加压时速调到慢挡，即运动频率为80~100次/分钟），取出压棒继续抛炒1~2分钟。待芽叶表面水分基本干时，再投入轻棒并盖上网盖，压炒4~6分钟。当芽叶达7成干、外形基本扁平紧直时，取出压棒，再抛炒1分钟左右后起锅出叶。

（五）辉锅炒干

整形叶先经割末后投入辉锅，投叶量0.2~0.3千克/槽。辉锅采用低温、慢速方式，其机器往复速度在90~100次/

分钟。叶下锅后先抛1分钟，待叶温上升，叶张转软后，加入轻棒，盖上网盖炒1~2分钟（加压时机器往复速度为80次/分钟）。取出压棒抛炒1分钟，待叶子有触手感时加入重棒，盖上网盖，压炒5~8分钟。当槽底出现末子时取出压棒，抛炒至足干后出锅。

图35　名优茶初制连续化生产线

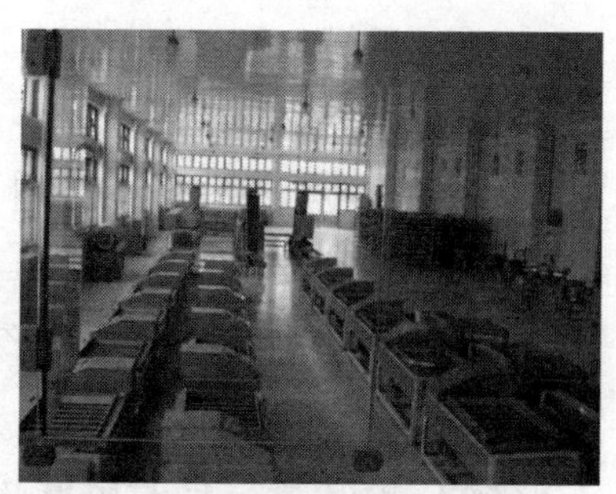

图36　扁形名茶生产线（叙府）

若整形叶扁平有余，紧结不足，开叉较多时，应在机械辉锅至八九成干的基础上再辅以手工辉锅，主要凭着抓、扣、磨等手法的灵活运用，将茶条收紧、磨光，达到扁平、光滑、紧直的要求。

## 四、针形名优茶机制工艺技术

针形茶品质特点是：外形紧直细秀似松针，带毫露峰，色翠绿鲜润，香高味醇，汤绿清澈，叶底嫩匀明亮。

根据研究结果，其加工工艺是：

鲜叶 → 摊放 → 杀青 → 揉捻

→ ┌→理条 → 整形(手工辅助) → 足干
　 └→初烘 → 复揉 → 理条整形 → 足干

（一）鲜叶原料

适制品种为芽小、节间短、叶片薄的中小叶品种。芽叶标准为1芽1叶初展至1芽1叶开展，要求无病虫叶、单片、鳞片、紫芽及其他非茶类夹杂物。

（二）鲜叶摊放

同扁形名茶

（三）杀青

（1）机械：30型（如6CST、6厘米S等系列）滚筒连续杀青机。

（2）温度：120℃（进料口一侧筒体内空气温度）或筒壁温度达到200～300℃，即手放在筒口感到灼热（温度适度应以投叶后能听到杀青叶产生轻微的爆鸣声为宜）。

（3）时间：1～1.5分钟。

（4）投叶量：台时鲜叶投叶量以25～30千克为宜。

（5）程度：杀青适度的叶子，色泽翠绿，叶质柔软，手捏成团，并有弹性，折梗不断，略有清香，无焦边、爆点、芽叶完整，杀青叶含水量为58%～60%。

（6）操作方法：同扁形名茶滚筒杀青方法。

（四）摊凉

一般采用自然薄摊摊凉，但最好是用电扇吹风快速冷却摊凉，以利色泽翠绿的形成。

（五）揉捻

（1）机械：25型或30型（如6CR系列等）小型揉捻机。

（2）投叶量：25型不超过2.5千克（1～2千克），30型不超过4千克，一般投叶量以自然松装装满揉桶或揉桶容积的4/5为宜。

（3）加压方法：一般采用轻揉或无压揉捻。

（4）揉捻时间：试验结果表明，揉捻时间3～5分钟比较适宜，其中揉时5分钟为最佳，随着揉捻时间的延长，外形条索趋向紧细，干茶色泽绿翠和白毫显露程度逐渐下降，汤色逐渐变深，滋味浓度增加但不鲜爽（表63）。具体的揉捻时间应视鲜叶的原料嫩度、加压次数及轻重等因素而定，一般为3～5分钟或6～8分钟（高档鲜叶一般无压揉5～7分钟）。

表63　不同揉捻时间对条形名优茶品质的影响

| 揉捻时间（分钟） | 外形 | 汤色 | 香气 | 滋味 | 叶底 | 总体品质排序 |
|---|---|---|---|---|---|---|
| 3 | 条紧欠匀，色泽翠绿白毫显露（3） | 嫩绿明亮（1） | 嫩香（2） | 醇爽（2） | 嫩绿匀亮（1） | 2 |
| 5 | 条匀紧，色绿尚翠显白毫（1） | 嫩绿亮（2） | 嫩香鲜纯（1） | 鲜浓（1） | 嫩绿尚亮（2） | 1 |
| 8 | 条索紧细，色绿显白毫（2） | 绿稍深（3） | 嫩香欠纯（3） | 浓（3） | 欠匀亮（3） | 3 |

（5）程度：茶条基本形成，有少许茶汁溢出，手捏略有粘手感为度。忌茶汁过多外溢、色暗和断碎条。

（6）操作方法：投叶后先无压揉3分钟，然后轻压揉2～3分钟，最后无压揉1～2分钟。揉捻时间既不能过长，也不能过短。过长，茶汁外溢过多，易使干茶色泽发暗变褐，尤其杀青后的初揉时间宜短，加压宜轻。但时间也不能过短，否则，茶条松泡，成型率低。因此，揉时要适度。对于高山茶来讲，以不揉捻（如加工自然舒展的直条形和扁形茶等）或轻揉捻有利于保证绿茶类名茶色泽翠绿多毫。揉捻结束后需解块。

如果揉一次，揉捻后可直接进行理条。如果揉两次，复揉须在初烘摊凉后进行，其方法是先空揉 3～5 分钟，再轻压 5～7 分钟，直至将茶条揉紧揉细。揉捻后进行解块。

（六）初烘

用 6CH－3 型等名茶自动烘干机进行初烘，热风温度 100℃左右，5 层~5 层半干（握之稍有触手感）时下机摊凉，然后进行复揉。

（七）理条

（1）机械：名茶理条机（多为 11 槽，槽锅运动频率多为 200～250 次/分钟。如 6CLZ－60 型电热式理条机等）或名茶多用（功能）机（多为 3、5 槽，槽锅运动频率多为 80～160 次/分钟，如 6 厘米 D 系列多用机等）。

（2）温度：为 120℃（槽壁温度，或槽口空气温度为 70℃）。

（3）投叶量：每槽 0.1～0.12 千克（中低档原料可适当少投）

（4）时间：表 64 表明，理条时间以 3～5 分钟为宜，理条时间不宜过长，否则茶条易变色发暗，断碎，理条时间最好不超过 7 分钟，故理条时间最好在 4～7 分钟内。

**表 64　理条时间对条形名优茶品质的影响**

| 理条时间（分钟） | 外形 | 汤色 | 香气 | 滋味 | 叶底 | 总体品质排序 |
|---|---|---|---|---|---|---|
| 3 | 色绿显毫条弯（3） | 嫩绿欠亮（3） | 尚清香（2） | 鲜（2） | 嫩绿匀亮（2） | 2 |
| 5 | 色绿显毫条直（1） | 嫩绿明亮（1） | 清香（1） | 鲜爽（1） | 嫩绿匀亮（1） | 1 |
| 10 | 色略黄略暗条直（2） | 嫩绿亮（2） | 欠清香（3） | 略高火（3） | 欠匀亮（3） | 3 |

（5）程度：炒至茶叶发出轻微“沙、沙”响声，手摸有刺感时为适度。

（6）操作方法：有理条机理条和多用机理条。

①理条机理条：接通电源后先让机子空运行30分钟左右，升温后用制茶专用油均匀涂擦槽锅使其光滑，待锅温上升到120℃左右时投入初烘叶1千克左右，让其在槽中往复滚炒。为促进茶叶色泽翠绿，最好配置一台小型风扇，不断向槽中吹微风，以加速水蒸气散发。炒至上述程度时出锅摊凉。

②多用机理条：将槽锅入复转动次数调至160转/分钟左右，锅温在120℃左右时投入0.5千克初烘叶，同时用小电风扇对槽锅吹微风，以加速排除水蒸气，理条时间7分钟左右，炒至茶叶有刺手感时出锅摊凉。

二者比较：使用理条机理条，台时产量高，只要投叶量适当，并及时排除水蒸气，其成茶条索紧直，芽叶完整，色泽绿润；使用多用机理条，由于其槽锅较宽，投入的初烘叶能在槽中均匀翻动，炒出来的茶叶条索紧直，色泽绿翠。但用这两种机器理条，都应控制好投叶量，并要及时排除水蒸气，否则易产生扁条和色泽变暗。

但由于针形茶外形要求紧细直，故理条时间较毛峰茶长，一般以10～15分钟为宜（表65）。若理条后需手工辅助整形的，理条程度宜轻，即当理条锅温达到80～100℃时便可投叶，投叶后锅体快速或快慢交替运行。炒至条索有刺手感觉即七八层干时下机摊凉。

表 65　不同理条时间对针形茶品质的影响

| 时间（分钟） | 色泽 | 形状 | 汤色 | 香气 | 滋味 | 叶底 | 评分 |
|---|---|---|---|---|---|---|---|
| 5 | 嫩绿 | 尚细欠直 | 绿明亮 | 清香 | 醇和略涩 | 绿明亮 | 81.00 |
| 10 | 绿润 | 细尚直 | 绿明亮 | 清香持久 | 醇和 | 绿明亮 | 86.00 |
| 15 | 绿润 | 紧细直 | 绿明亮 | 清香持久 | 醇爽 | 绿明亮 | 87.50 |
| 20 | 深绿润 | 紧细较直 | 黄绿明亮 | 清香略熟香 | 醇和 | 绿黄明亮 | 83.00 |

表 66 表明，理条时整形机的温度低于 70℃，干燥色泽暗绿泛褐，高于 85℃，达到 90 ~ 100℃时，因芽外部水分散发太快，在制芽外干内湿，外侧芽叶形成断碎，成品干茶芽叶不完整，70 ~ 85℃的处理利于保色与做形相结合。

表 66　不同理条温度对茶叶品质的影响

| 温度 | 55 ~ 70℃ | 70 ~ 80℃ | 85 ~ 100℃ |
|---|---|---|---|
| 品质 评语 | 针形挺直，色暗绿泛褐，欠活 | 针形挺直，色绿而鲜活 | 针形挺直，芽欠完整色绿 |
| 评分 | 85 | 92 | 87 |

表 67 表明，理条在恒温下定时鼓风和采用温度先高后低再高的方式，可避免高温高湿对茶叶品质的影响，同时还可延长最佳做型时间，使成茶外形细直，滋味醇爽，叶底鲜绿亮。

表 67　不同理条方式对茶叶品质的影响

| 理条方式 | 色泽 | 形状 | 汤色 | 香气 | 滋味 | 叶底 | 评分 |
|---|---|---|---|---|---|---|---|
| 恒温下不鼓风 | 绿润 | 紧细直 | 绿明亮 | 清香持久 | 醇爽 | 绿黄明亮 | 88.0 |
| 恒温下定时鼓风 | 绿润 | 紧细较直 | 绿明亮 | 清香持久 | 醇爽 | 绿明亮 | 91.0 |
| 温度先高后低 | 深绿润 | 紧细直 | 绿明亮 | 清香 | 醇尚爽 | 绿黄明亮 | 85.0 |
| 温度先高后低再高 | 绿润 | 紧细较直 | 绿明亮 | 清香持久 | 鲜醇爽 | 绿明亮 | 91.6 |

试验结果（表68）表明，理条加棒方式以加轻棒（或细铁丝）且加棒与不加棒交替进行为好，这样既克服了不加压造成的外形勾曲不挺直，又克服了加重压造成的条索呈扁形且多断碎，还可克服一压到底由于透气不好，造成的外形不绿和条索不圆直等弊病。

**表68　理条加棒方式对茶叶品质的影响**

| 处理 | | 不加棒 | 全程加棒 | 加棒与不加棒交替进行（棒重100克/根） | 加棒与不加棒交替进行（棒重250克/根） |
|---|---|---|---|---|---|
| 品质 | 评语 | 芽勾曲，色绿 | 针形挺直，微扁，暗绿 | 针形挺直，色绿而鲜活 | 针形挺直，多碎末，色尚绿 |
| | 评分 | 84 | 89 | 94 | 81 |

（八）整形（人工辅助整形）

在电炒锅内进行。锅温70～60℃，采用手工反复理条，搓条，直至将茶条理直搓紧搓细，干度达八成半至九成干时下锅摊凉，然后进行足火烘焙。

（九）足干

用微型（如6CH－3型）名茶自动烘干机（或烘笼）进行足烘。足火温度60～80℃，烘至手捻茶叶成粉末（含水量为5%左右）时下烘，从而完成针形茶的加工。

## 第四节　茉莉花茶窨制技术

花茶是四川茶叶消费中的主导产品之一，有近千年的品饮历史。四川花茶消费量约占茶叶消费总量的50%，其中主要是茉莉花茶。花茶是将素茶经过窨花而制成的再加工茶，依所用鲜花不同分为茉莉花茶、玉兰花茶、珠兰花茶、玫瑰花茶、栀子花茶、桂花茶、玳玳花茶等等。用于窨制花茶的素茶称为茶坯。红茶、绿茶、乌龙茶都可作为窨花茶坯，但以绿茶窨花最多。经过窨制的花茶香气称为外来香。四川以生产茉莉花茶为主，珠兰和玉兰花茶产量很少，其窨制方法也基本相同。茉莉花茶的窨制方法是：

## 一、茶坯处理

窨制花茶的原理是利用茶叶具有吸收吸附能力强的特点。鲜花的香气能随其水分被干茶所吸收。茶坯越干，吸香能力也越强。窨花之前必须先将茶坯复火烘干，使茶坯的干度和温度达到适当的程度

茶坯的干燥程度应按级别和窨花次数严格掌握。一级和二级第一次窨花的茶坯含水量为4%～4.5%，第二次窨花为5%～5.5%；提花时为6.5%。三级以下茶坯只窨一次花，茶坯含水量为4.5%～5.5%。

## 二、花处理

鲜花的处理过程也叫做养花。窨茶的茉莉花要求新鲜、饱满、大小均匀、色泽洁白、含苞待放。即下午采下，当天晚上就能开放的鲜花。鲜花成熟度不同，开放的速度也不一致，在60%以上的花苞开放时，应进行一次筛分，把大小花苞分开，用小花窨制低级茶。经过筛分不仅筛除脱落的花蒂和其他杂质，而且由于筛分时的振动还有促进花苞开放的作用。

## 三、窨花次数和用花量

将开放适度的鲜花与花坯混合在一起，使鲜花挥发出来的香气被茶叶吸收，这一过程称为窨花或熏花。窨花次数通常为特种茶窨花（如花毛峰）3～4次，高级茶窨花2

~3 次，中低级茶只窨花一次。如果是窨花 2~3 次的茶，其每次用花数量是先多后少，因为茶坯水分逐次增加，其吸香能力即逐次减弱，所以每次用花量不宜平均分配。四川省地方标准规定各级茉莉花茶的窨花次数、鲜花和花渣用量见表 69。

**表 69　各级茉莉花茶的窨花次数和每 100 千克的用花量**

| 级别 | 窨花次数 | 总用花量（千克） | 头窨用花量（千克） | 二窨用花量（千克） | 提花用花量（千克） |
|---|---|---|---|---|---|
| 一级 | 窨花二次提花一次 | 65 | 33 | 25 | 7 |
| 二级 | 窨花二次提花一次 | 50 | 28 | 15 | 7 |
| 三级 | 窨花一次提花一次 | 35 | 29 | | 6 |
| 四级 | 窨花一次（或 70% 窨、30% 压全提） | 25（30） | 19（30） | | 6 |
| 五级 | 半窨半压全提 | 15（30） | 10（30） | | 5 |
| 六级 | 全压全提 | 8（30） | （30） | | 8 |
| 碎、片、末 | 全压全提 | 8~6（30） | （30） | | 8~6 |

注：1. 碎茶用花 8 千克，片末用花 6 千克，2. 括号内系压花渣量。

## 四、拼和窨制

茶坯与茉莉花茶拼和前，可用少量玉兰鲜花打底，以提高香气的浓度和持久性，但忌用量过多透出兰味，高档茶不可用玉兰花打底，每百千克中低档茶用玉兰鲜花不超过 0.7~1.0 千克。中低级茶拆瓣打底。均匀地撒在茶坯上（因玉兰花期短，所以可以窨成玉兰花茶母作拼配之用），然后再撒茉莉花。先撒茶后撒花，各撒三层，再用钉耙拌和均匀。拌花后做成堆子窨制的叫“堆窨”；装在箱子里窨制的叫“箱窨”；装在篾席围城的囤子里窨制的叫“囤窨”；用窨花制的叫“机窨”。四川省多采用堆窨法，堆子的高度，高级茶是25～30厘米；中低级茶40～50厘米；堆宽约1米；囤窨的囤高40厘米，直径1.5米，每囤可窨茶150～200千克；箱窨的每箱只装八成满。无论用哪种窨法，在面上都要薄盖一层茶坯，减少鲜花外露，以免香气散失。

## 五、通花

通花的目的是散热和恢复鲜花的“活力”。适宜的通花温度，依窨次而不同。头窨在堆温升到46～50℃时进行通花；第二窨在堆温43～45℃时通花。下窨3小时后应注意测量堆温的变化。一般是在窨制4～5小时后堆温就升到上述限度，应当立即通花。通花的方法，是将窨制中茶摊开，反复耙翻数次，散发热气至适度时收拢再窨。收堆时茶坯温度，头窨茶35～38℃，二窨茶34～37℃。如遇高温天气，收堆后温度又上升到上述限度而花态尚鲜，则须进行第二次通花后再窨。

## 六、起花

通花后再窨5～6小时，茶堆温度升到40℃以上，鲜花已经呈萎蔫状态，即须用筛子将花从茶坯中筛出，这叫做“起花”或“出花”。起花要快，要求在1～2小时内起花完毕。开始起花时应先将在窨茶坯摊开散热，起花后的湿茶坯应及时摊凉和复火干燥，以免变质。花渣如有余香，品质尚好，应用来“压花”，窨制低级茶。否则应立即烘干（防止红变），做拼配之用。压花的花渣用量一般为茶量的

40%。压花时间4~5小时，起花时堆温40~45℃。四川省规定干花拼配用量一、二级花茶用1%~1.5%，三、四级花茶用1.5%~2.0%，五、六级花茶和碎、片、末茶用2%~2.5%。

## 七、复火干燥

起花后的湿茶含水量较高，一般是头窨后含水分14%~16%，二窨后含水分12%~14%。为了保持茶叶品质或再次窨花，都应及时进行复火，干燥至适度（见“茶坯处理”）。如果只窨一次又不提花的，可烘干到出厂检验标准，经摊凉后装箱待拼。复火后要再窨或提花的，要等茶坯温度降至30~34℃时方可进行。

## 八、提花

在窨花完毕经复火后，再用少量鲜花拼入复窨一次，以提高花茶香气的鲜灵度，叫做“提花”。提花要选用花朵大、质量好的鲜花，拼和后经9~10小时，待茶堆温度升至42~43℃时就可起花，中途不必通花。提花前的茶坯干度要掌握适当，必须使提花后的茶叶水分含量符合出厂检验标准，即不超过8%。

## 九、拼堆装箱

窨制完毕，即按加工标准样茶拼堆装箱。花茶拼堆应注意调剂同级分次窨制的茶叶水分和香气的鲜、浓度，提高和稳定各批花茶的品质。

# 主要参考文献


[1]段新友. 优质茶生产实用新技术[M]. 成都:四川人民出版社,2001.

[2]梁月荣. 绿色食品茶叶生产技术指南[M]. 北京:中国农业出版社,2004.

[3]陈兴琰. 茶树育种学[M]. 2 版. 北京:中国农业出版社,1986.

[4]杜长煋,闵未儒. 四川茶叶[M]. 修订版. 成都:四川人民出版社,1989.

[5]杨亚军. 中国茶树栽培学[M]. 北京:中国农业出版社,2004.

[6]潘根生. 茶业大全[M]. 北京:农业出版社,1988.

[7]罗凡. 四川茶树育种研究现状与展望[J]. 西南农业学报,2006,17(增刊Ⅱ).

[8]四川省农科院茶叶研究所课题组. 茶树种质资源农艺性状、加工品质和抗寒性、抗病性鉴定试验研究总结报告[J]. 茶叶科技,1990(增刊).

[9]王云,罗凡,李春华,等. 高抗优质绿茶新品系天府 28 号的选育[J]. 西南农业学报,2003,(3).

[10]王云,罗凡,李春华,等. 高抗优质绿茶新品系天府 11 号选育研究[J]. 西南农业学报,2003,(4).

[11]徐晓辉,王云,等. 绿茶新品系名选 213 选育研究[J]. 西南农业学报,2003,(4).

[12]李春华,王云,罗凡,等. 四川省“十五”茶树育种攻关研究进展及今后育种攻关方向[J]. 西南农业学报,2006,17(增刊Ⅱ).

[13]王云,李春华. 四川茶业可持续发展的思考[J]. 西南农业学报,2004,17(增刊).

[14]Kaison Chang. 世界茶叶产销现状及中期展望[J]. 中国茶叶,2006,(1).

[15]吴锡端. 2005 年我国茶叶产销形势分析[J]. 中国茶叶,2006,(1).

[16]詹罗九．中国茶业经济的转型[M].北京:中国农业出版社,2004.

[17]蒋光藻,谭和平,黄苹．茶园生物多样性与无公害治理[M].成都:四川科学技术出版社,2003.

[18]陈宗懋,陈雪芬．无公害茶园农药安全使用技术[M].北京:金盾出版社,2002.

[19]安徽农学院主编．茶树病虫害(第二板).北京:农业出版社,1995.

[20]陈雪芬．茶树病虫害防治[M].北京:金盾出版社,2002.

[21]李廷松．茶园生产管理讲座[J].四川茶业,2006,(1).

[22]李廷松．无性系茶树栽培管理技术[J].四川茶业,2006,(2).

[23]于观亭．茶叶加工技术手册[M].北京:中国轻工业出版社,1991.

[24]段新友．优质茶生产实用新技术[M].成都:四川人民出版社,2001.

[25]卢振辉,等．有机茶　无公害茶生产技术[M].杭州:杭州出版社,2001.

[26]李晓军．成功营销之道十二法[J].现代营销,2009,(2).

[27]王云．茶叶[M].成都:四川教育出版社,2009,(11).

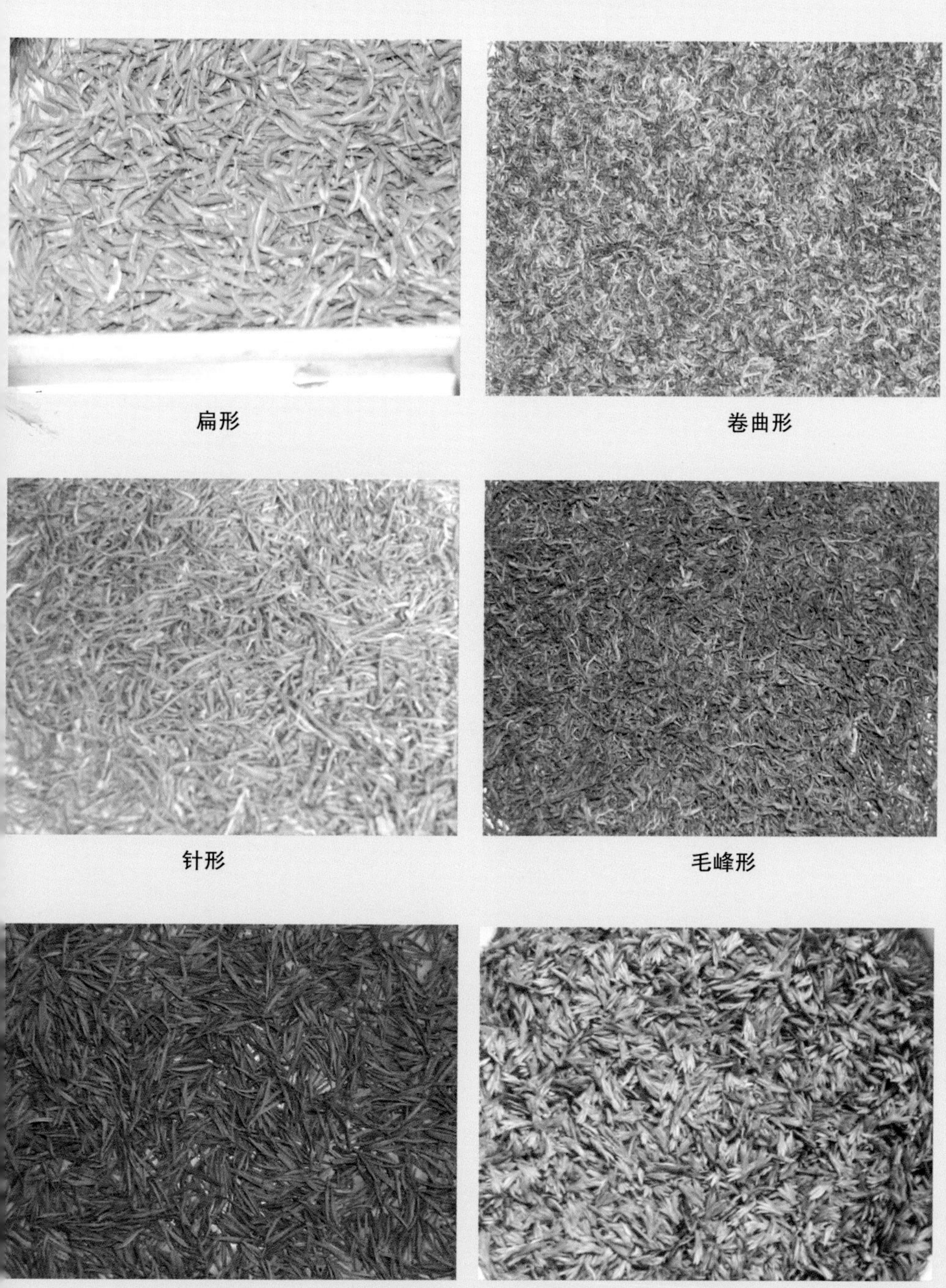


彩图1　各种形状的名茶

彩图 2　乌牛早

彩图 3　平阳特早

彩图 4　名山 131

彩图 5　巴山早芽

彩图 6　特早芽 213（茶园）

彩图 7　特早芽 213（芽叶）

彩图 8　天府茶 28 号

彩图 9　福选 9 号

彩图 10　名山早 311

彩图 11　花秋 1 号

彩图 12　天府茶 11 号

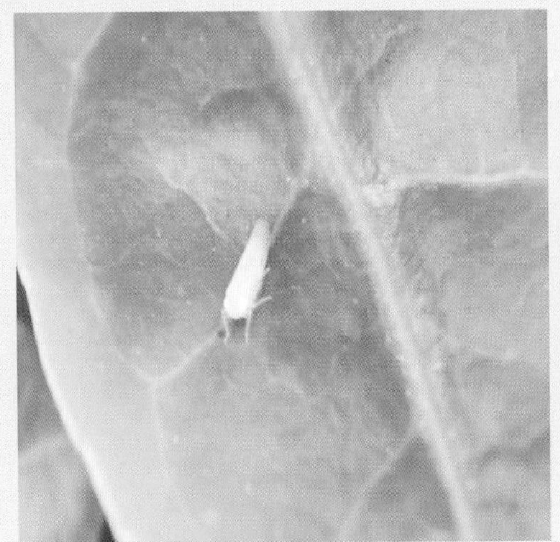

彩图 13　茶（假眼）小绿叶蝉

彩图 14　茶跗线螨

彩图 15　茶黑刺粉虱

彩图 16　茶角蜡蚧

彩图 17　茶椰圆蚧

彩图 18　茶蚜

图 19　茶银尺蠖

彩图 20　茶毒蛾

彩图 21　茶大蓑蛾

彩图 22　茶蓑蛾

彩图 23　茶饼病

彩图 24　茶炭疽病

彩图 25　茶轮斑病

彩图 26　茶云纹叶枯病

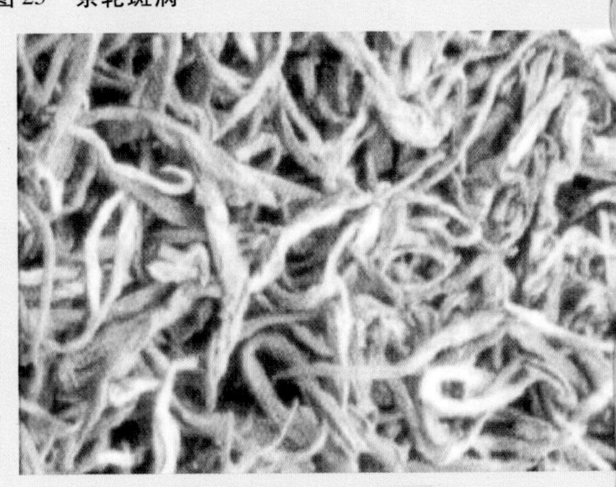

彩图 27　毛峰形名茶

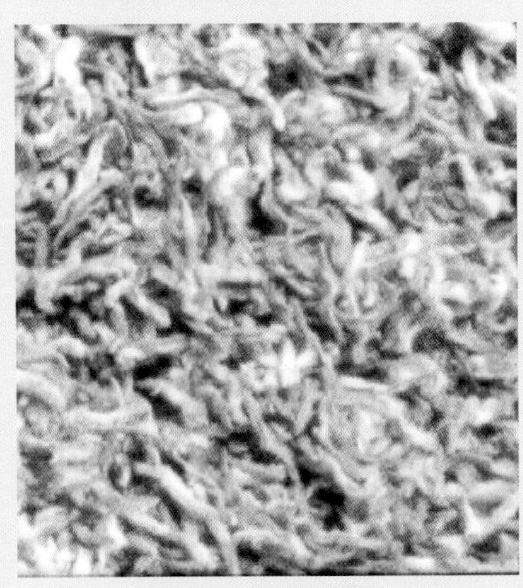

彩图 28　卷曲形名茶

彩图 29　扁形